Jochen Mai
Jobwechsel – jetzt!

karriere bibel

JOCHEN MAI

JOB-WECHSEL – JETZT!

Dein erfolgreicher Neustart:
Vom Wechselwunsch
zum Traumjob

Die beste Bibliothek
zum Thema Karriere

BOOKS4SUCCESS

Gestaltung Cover: Daniela Freitag
Gestaltung, Satz und Herstellung: Timo Boethelt
Vorlektorat: Merle Gailing
Korrektorat: Sebastian Politz
Druck: GGP Media GmbH, Pößneck

ISBN 978-3-86470-872-5

Bibliografische Information der Deutschen Nationalbibliothek:
Die Deutsche Nationalbibliothek verzeichnet diese Publikation in der Deutschen Nationalbibliografie; detaillierte bibliografische Daten sind im Internet über <http://dnb.d-nb.de> abrufbar.

BÖRSEN MEDIEN
AKTIENGESELLSCHAFT

Postfach 1449 • 95305 Kulmbach
Tel: +49 9221 9051-0 • Fax: +49 9221 9051-4444
E-Mail: info@plassen-buchverlage.de
www.books4success.de
www.facebook.com/plassenverlag
www.instagram.com/plassen_buchverlage

INHALT

Persönliches Vorwort

Du spürst es längst: Da ist mehr, viel mehr! In dir schlummern deutlich mehr ungenutzte Talente und Potenziale, als du heute ausschöpfst. In deinem Leben ist mehr drin – mehr Tiefe, mehr Fülle, mehr Selbstverwirklichung, mehr Glück und auch mehr Geld ... Nur leider nicht in diesem Job! Hier ist alles ausgereizt – oder schlimmer: überreizt.

Dein aktueller Beruf, die Stelle, der Chef, das Umfeld, die Bezahlung: Alles könnte besser sein. Da macht sogar noch eine Wurzelbehandlung beim Zahnarzt mehr Spaß als ein neuer Montag in dieser Position. Was auch immer deine Gründe sind, warum du dieses Buch aufgeschlagen oder schon gekauft hast: Ich kenne das ebenfalls. Auch ich war schon ein paar Mal an diesem Punkt. Oft beginnt es nur mit einem unbestimmten Bauchgefühl, dass es Zeit wird für einen Tapetenwechsel. Doch wenn das Unbehagen wächst, wenn Unlust und Jobfrust chronisch werden, sind das veritable Warnzeichen, die wir ernst nehmen und nicht weiter ignorieren sollten. Ist es Zeit für einen Jobwechsel – jetzt?!

In den meisten Fällen lautet die Antwort „Ja". Tatsächlich sind Jobwechsel heute etwas Alltägliches und zudem mit vielen Vorteilen verbunden. Neue Herausforderungen lassen uns zudem fachlich und persönlich wachsen; teils lassen sich danach auch Beruf und Familie besser vereinbaren – und nirgendwo sonst lassen sich so große Gehaltssprünge realisieren wie bei einem externen Stellenwechsel.

Allerdings ist so ein Arbeitsplatzwechsel immer auch ein Sprung ins Ungewisse: Komme ich vom Regen in die Traufe?

Wird es danach wirklich besser? Worauf muss ich achten? Wie gehe ich am besten vor? Und wie finde ich einen Job, der perfekt zu mir passt? Fragen wie diese hat jeder, der sich mit einem beruflichen Neustart beschäftigt. Das ist völlig normal. Heute mehr denn je. Immer mehr Arbeitnehmerinnen und Arbeitnehmer sagen mir und diversen Marktforschern, dass sie unglücklich sind in ihrem Job. Seit der Coronapandemie sind diese Zahlen sogar noch mal angestiegen. Nur leider können die Menschen zwar genau sagen, was sie nicht mehr wollen – sie wissen aber (noch) nicht, was und wohin sie wollen. Falls es dir genauso geht, dann ist dieses Buch genau das Richtige für dich!

Seit mehr als 30 Jahren widme ich mich intensiv allen Bereichen einer erfolgreichen Karriere. Ich habe Hunderte Bücher dazu gelesen (einige geschrieben) und Tausende Artikel und Interviews darüber verfasst. Das Portal Karrierebibel.de ist nur ein Ergebnis dieser jahrelangen Forschung und Recherche. Dieses Buch ist ein weiteres: All die Erfahrungen und das entstandene Wissen möchte ich dir hier weitergeben und dich bei deiner beruflichen Neuorientierung begleiten sowie Schritt für Schritt unterstützen. Dazu findest du auf den nächsten Seiten nicht nur eine ebenso fundierte wie gründliche Analyse samt zahlreicher Tipps und Empfehlungen: Dich erwarten ebenso eine Reihe verschiedener Selbsttests, Checklisten und Fragen zur Selbstreflexion. Denn die besten Antworten können gar nicht von mir kommen – sie kommen immer aus dir! Nur du weißt am besten, was du wirklich willst, was dir guttut und wohin dich deine (berufliche) Reise führen soll.

Um diesen Weg von Anfang an erfolgreich zu gestalten, findest du hier alle wichtigen Antworten auf entscheidende Jobwechsel-Fragen: von der Entscheidung zur Veränderung aus den richtigen Gründen, über die Vorbereitung des Karriereschritts und das Finden eines passenden Jobs bis hin zur Bewerbung und der Unterschrift auf dem neuen Arbeitsvertrag.

Ich möchte hier und mit dir zusammen den Grundstein für deine neue Zukunft legen und dir Türen und Perspektiven eröffnen – für Chancen und Potenziale. für die man alleine manchmal einfach zu blind ist. Ich bin davon überzeugt, dass jede(r), wirklich JEDE(R) seinen Traumjob finden kann. Nicht immer sofort. Und manchmal ist das auch mit ein paar Einschränkungen an anderer Stelle verbunden. Aber das Leben ist zu kurz, um 40 Jahre lang, 40 Stunden in der Woche einer Arbeit nachzugehen, die uns nur Lebenszeit raubt, aber keinen Sinn gibt.

Nickst du gerade heftig? Dann wird es Zeit für einen Jobwechsel. Jetzt!

Dein Jochen

PS: Vor dir liegt ein sogenanntes phygitales Buch. Bedeutet: Es ist ein Mix aus physischem Buch und digitalen Extras. Um dir einen zusätzlichen Mehrwert zu bieten, findest du an einigen ausgewählten Stellen Links zu weiterführenden Artikeln auf Karrierebibel.de sowie QR-Codes, die dich zu weiteren Videos, Interviews und nützlichen Inhalten führen. Scanne diese einfach mit deiner Smartphone-Kamera ein – schon bekommst du die kostenlosen Bonus-Inhalte auf dein Handy.

Um dich auf dieses phygitale Buch einzustimmen, habe ich einen kleinen Gruß vorbereitet – mein persönliches Vorwort für dich! So siehst du gleich, wer hier mit und zu dir spricht beziehungsweise schreibt: ***https://karrierebibel.de/vorwort-zum-jobwechsel/***

PPS: In diesem Buch wird aus Gründen der besseren Lesbarkeit oft das generische Maskulinum verwendet. Weibliche und anderweitige Geschlechteridentitäten werden dabei ausdrücklich mitgemeint, soweit es für die Aussage erforderlich ist.

Kapitel 1

JOBWECHSEL SIND VÖLLIG NORMAL!

Jobwechsel – das klingt nach radikalem beruflichem Umbruch, nach erzwungenem Neustart bei einem anderen Arbeitgeber oder gar nach vorherigem Scheitern an alter Wirkungsstätte ... Falsch! Der Wechsel hin zu einem neuen Unternehmen, einer anderen Stelle oder etwa zu einem ganz neuen Beruf sowie eine Vielzahl von beruflichen Stationen sind in der heutigen Arbeitswelt völlig normal. Die Zeiten der sogenannten Kaminkarrieren, nach dem Motto: „Von der Ausbildung bis zur Rente beim selben Arbeitgeber", sind längst vorbei. Arbeitnehmer wechseln heute im Durchschnitt alle drei bis fünf Jahre den Job. Bei einer beruflichen Tätigkeit von 40 Jahren kommen zwischen acht und 13 Jobwechsel zusammen.

Ein Stigma ist der berufliche Umstieg also keinesfalls. Im Gegenteil: Du solltest einen Jobwechsel weder fürchten noch dir Sorgen machen, ob er deinem Lebenslauf schadet. Natürlich gibt es Jobwechsler, die eine Stelle aufgeben oder aufgeben müssen, weil sie Probleme mit dem Chef, mit Kollegen oder den Aufgaben ganz allgemein hatten. Aber auch das ist normal und kann jedem passieren. Und für viele ist die berufliche Veränderung vielmehr das: ein gezielter und bewusster Karriereschritt. Er gehört zur persönlichen Entwicklung, zum Berufsleben und ist sogar für den langfristigen Erfolg, die Gehaltsentwicklung und die eigene Zufriedenheit oft ein essenzieller Faktor.

Mehr noch: Die Motive für einen Jobwechsel liegen bei jedem ein bisschen anders. Häufig kommen dabei mehrere Bedürfnisse zusammen, die erst mit einem mulmigen Gefühl in der Magengrube beginnen und schließlich zu einem starken

Wechselwunsch aufsteigen. Aus meiner langjährigen Erfahrung kenne ich heute allein zwölf Motive, die einzeln oder als Mix praktisch hinter jedem Jobwechsel stehen. Ich bin mir sicher: Auch du erkennst dich in der Liste an der einen oder anderen Stelle wieder:

1. **Anerkennung:** Das Bedürfnis nach mehr Wertschätzung.
2. **Neugier:** Das Bedürfnis, Neues zu lernen und mehr zu wissen.
3. **Unabhängigkeit:** Das Bedürfnis nach mehr Eigenverantwortung.
4. **Idealismus:** Das Bedürfnis nach sozialer Gerechtigkeit.
5. **Ordnung:** Das Bedürfnis nach besserer Organisation und geregelten Abläufen.
6. **Macht:** Das Bedürfnis, mehr Einfluss zu haben oder zu bewirken.
7. **Status:** Das Bedürfnis nach höherer sozialer Anerkennung.
8. **Geld:** Das Bedürfnis, sich mehr leisten zu können.
9. **Wettbewerb:** Das Bedürfnis, sich mit jemandem zu vergleichen.
10. **Beziehung:** Das Bedürfnis nach einem besseren Umfeld.
11. **Familie:** Das Bedürfnis, mehr Zeit für Partner und Kinder zu haben.
12. **Innere Ruhe:** Das Bedürfnis nach mehr emotionaler Gelassenheit.

Na, musstest du beim Lesen das eine oder andere Mal innerlich nicken? Das ist vermutlich auch der Grund, warum du gerade dieses Buch liest. Ich will dir an dieser Stelle gleich Mut machen: Du bist nicht allein damit! Es gibt inzwischen die unterschiedlichsten Umfragen und Studien, die allesamt zum selben Ergebnis kommen: Die Mehrheit der Deutschen ist unzufrieden mit dem eigenen Job. Ich will dich hier gar nicht lange mit Zahlen langweilen. Die einen sagen, jeder Zweite (57 Prozent) will raus aus seinem Job; andere bescheinigen gar zwei Dritteln akuten Jobfrust und hohe Wechselwilligkeit. Der „HR Monitor" des Marktforschers Trendence hat wiederum kürzlich ermittelt, dass sich rund 60 Prozent der Beschäftigten einen Wechsel in eine völlig andere Branche vorstellen können – also einen klassischen Quereinstieg. Die meisten zieht es dabei übrigens in die IT, in den öffentlichen Dienst oder zu NGOs – also zu Nicht-Regierungs-Organisationen.

Falls auch du zu den Menschen auf dem Sprung gehörst (und die Wahrscheinlichkeit ist hoch), dann ist das schon der erste wichtige Schritt. Kein Spruch! Unzufrieden im Job zu sein, ist ein wichtiger Impuls und zeigt dir an, dass du aktiv werden solltest. Nutze diese Unzufriedenheit als Sprungbrett – hin zu einem Neuanfang und einem Durchbruch, der dir dabei hilft, dich weiterzuentwickeln und deine vollen Potenziale auszuschöpfen!

Jobzyklus: 7 typische Karrierephasen

So individuell das Berufsleben ist, so ähnlich sind die Phasen, die wir dabei durchlaufen. Unabhängig vom Beruf, den Aufgaben, den Kollegen oder dem Chef erleben Arbeitnehmer ein regelmäßiges Muster von insgesamt sieben typischen Karrierephasen. Dieser Jobzyklus markiert zugleich den Rhythmus deiner beruflichen Entwicklung.

Das klingt jetzt kurios, ja. Diese Erkenntnis eröffnet dir aber ebenso Chancen: Wenn du zum Beispiel weißt, an welchem

Punkt du aktuell in diesem wiederkehrenden Ablauf stehst, kannst du deine berufliche Laufbahn gezielter steuern und strategisch vorantreiben. Überdies belegen diese Phasen, dass der Jobwechsel oft nur die logische Konsequenz aus den vorangegangenen Entwicklungen ist. Er ist kein Einschnitt, sondern die natürliche Fortsetzung des Werdegangs – nur bei einem anderen Arbeitgeber oder in einem anderen Beruf. Aber sehen wir uns diese Phasen genauer an …

Die einzelnen Phasen im Jobzyklus

Die folgende Grafik ist – zugegeben – eine Vereinfachung der sieben typischen Phasen im Jobzyklus. Zwischen diesen Phasen kann es noch weitere Abstufungen oder auch Überschneidungen geben. Durch die schemenhafte Darstellung wird aber deutlich, dass selbst ein Job, der grundsätzlich Spaß macht und erfüllt, eine Art Verfallsdatum hat.

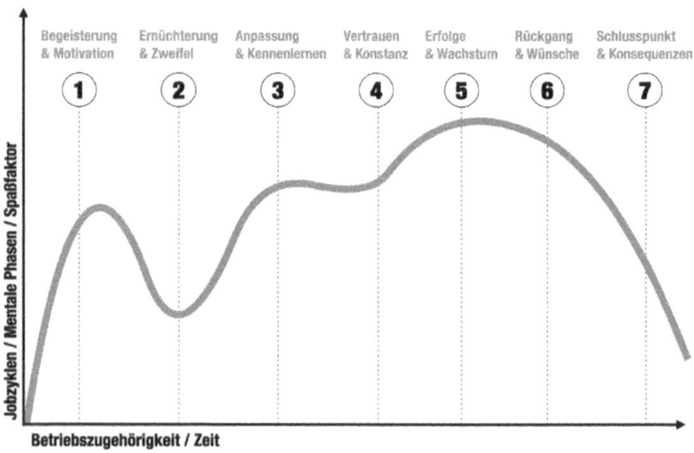

1. Phase: Begeisterung und Motivation

Am Anfang schwebst du in der Regel noch auf Wolke sieben. Es ist ein Hochgefühl, eine Melange aus Euphorie, Hoffnung und Neugier. Die Jobsuche war erfolgreich. Hinzu kommt der Reiz des Neuen und wird noch verstärkt durch die Bestätigung: Du bist der oder die Kandidatin, die es am Ende geschafft und die begehrte Stelle ergattert hat. Du bist die „Bestbesetzung" – klasse! Endlich kannst du mit deinem gesamten Wissen glänzen, mit deinen Fähigkeiten und Erfahrungen punkten und dich den neuen spannenden Herausforderungen stellen. Neues Umfeld, neues Spiel, neues Glück: Mehr Motivation geht nicht.

Entsprechend geben wir alle in dieser Phase und bei jeder Aufgabe Vollgas. Die neuen Projekte faszinieren uns noch und wir freuen uns jeden Tag darauf, neue Kollegen und Abläufe kennenzulernen. Erschöpfung oder Probleme gibt es hier noch nicht. Wir wollen einfach nur uns und den anderen beweisen, dass man sich zu Recht für uns entschieden hat. Also hängen wir uns voll rein und versuchen womöglich sogar, die Erwartungen zu übertreffen. Diese Phase ist geprägt von unerschütterlicher Motivation, guter Laune und Aufregung sowie einer optimistischen Grundhaltung gegenüber der eigenen beruflichen Zukunft.

Apropos: Gewinner erkennt man am Start. Deshalb haben wir ein einstündiges Intensiv-Seminar entwickelt, das die Probezeit zur perfekten Startrampe für dich macht. Starte von Anfang an richtig in deinem neuen Job! Hier findest du mehr Infos zum Kompakt-Coaching: ***https://akademie.karrierebibel.de/100-tage-neuer-job/***

---

2. Phase: Ernüchterung und Zweifel

Leider hält die anfängliche Euphorie nicht lange. Irgendwann kommen die Routine und der Alltag und die Erkenntnis: „Der neue Job hat nicht nur positive Seiten!" Wir realisieren erste Probleme, stören uns an sinnlosen Regeln, Strukturen oder Abläufen, erste Meinungsverschiedenheiten und Konflikte entstehen. Der Stress steigt.

Schuld daran sind die anfangs oft hohen Erwartungen, die die neue Position einfach nicht erfüllen kann. Wir haben den „Traumjob" auf einen viel zu hohen Sockel gestellt – und jetzt wackelt und kippt er. Ja sicher: Vieles ist schön, vielleicht sogar besser als beim letzten Job. Aber eben nicht alles. Wir sehen nun auch die Schattenseiten, die in der ersten Hochphase noch unsichtbar waren.

Mit dem Blick auf das Negative kommt bei nicht wenigen die Frage auf: „War der Job wirklich die richtige Entscheidung?" Typisch für diese Phase sind jetzt Gefühle von Ernüchterung, Unsicherheit oder sogar Selbstzweifel. Wir vergleichen die aktuelle Stelle mit der Vergangenheit. Das ist fast ein bisschen wie in der Liebe, wenn die ersten Schmetterlinge im Bauch ausgeflogen sind und die Normalität das Kribbeln des frischen Verliebtseins verdrängt.

FUN FACT: Der Honeymoon-Hangover-Effekt

Nicht zufällig werden die beiden ersten Phasen im Jobzyklus auch als Honeymoon-Hangover-Effekt bezeichnet. Es ist tatsächlich ein bisschen wie in der Liebe: Nach den Flitterwochen (oder der ersten Zeit im neuen Job) folgt die Katerstimmung. Belegt haben dieses Phänomen die US-Wissenschaftler Wendy Boswell und John Boudreau. Gerade bei einem freiwilligen Jobwechsel sei der Effekt besonders stark, sagen die Forscher. Und zwar in beide Richtungen: Wer ungezwungen – also ohne Kündigung durch den Ex-Arbeitgeber – eine berufliche Veränderung vornimmt, ist anfangs besonders begeistert und erlebt ein enormes Hoch. Leider fallen die Ernüchterung und das Tief im Anschluss dann ebenso stark aus.

3. Phase: Anpassung und Kennenlernen

Inzwischen bist du im Job angekommen und hast dich eingewöhnt. Du kennst die Abläufe und Anforderungen und weißt auch, wie du diesen gerecht wirst. Zu den Kollegen entstehen zunehmend bessere Beziehungen, teilweise auch private Freundschaften. Kurz gesagt: Du stehst mit beiden Beinen fest im Job.

Besonders angenehm: Das kurzfristige Tal der Ernüchterung ist jetzt überwunden. Die Zweifel über die Jobwahl sind verflogen, dafür entsteht eine zunehmende Identifikation mit der eigenen Position und dem Arbeitgeber. Deshalb rücken jetzt wieder eigene Karriereziele in den Fokus: Du willst erfolgreich(er) sein – ein Leistungsträger. Und zwar mit allem, was dazu gehört: mehr Verantwortung, einer baldigen Beförderung und natürlich Gehaltserhöhungen. Typische Anzeichen dieser Phase sind eine positive Einstellung zur Position und zum Unternehmen, wachsender Ehrgeiz und Leistungssteigerungen.

4. Phase: Vertrauen und Konstanz

Du bist inzwischen ein fester Bestandteil deines Teams, hast ein klares Aufgabenfeld und Verantwortungsbereiche, um die du dich kümmerst. Auch dein Chef bemerkt die guten Leistungen und wiederkehrenden Erfolge. Du bist im Unternehmen gut vernetzt, hast dir einen positiven Ruf erarbeitet und bist – kurz gesagt – „sichtbar". Für deine Arbeit gibt es zunehmend Lob und Anerkennung. Insgesamt wächst das Vertrauen in dich – von Kunden, Kollegen und Führungskräften. Du beweist jeden Tag aufs Neue, dass auf dich und deine Leistungen Verlass ist. Das sorgt für einen steigenden Status. Gleichzeitig merkst du gerade in dieser Phase: Du kannst und willst mehr! In den Fokus rücken daher nicht nur die Sicherheit der guten Leistungen, sondern ebenso die Suche nach weiteren Chancen. Es entsteht der innere Antrieb, noch erfolgreicher zu werden. Und der bleibt nicht ohne Folgen ...

5. Phase: Erfolge und Wachstum

Willkommen in der Hochphase des Jobzyklus! Du bist nun ein unverzichtbarer Teil im Team. Ein Erfolg jagt den nächsten. Es gibt nicht nur regelmäßiges, positives Feedback, sondern auch größere Verantwortung, Beförderungen und deutlich mehr Gehalt. Durch die positive Entwicklung fühlst du dich bestätigt und gibst weiterhin Gas. Fortbildungen, Sonderprojekte, zusätzliche Aufträge, Eventbesuche für das Unternehmen – es gibt kaum Grenzen. Ein gutes Gefühl! Du bist beflügelt vom Erfolg, dem Stolz auf deine Leistungen und natürlich von der Anerkennung, die von außen kommt.

6. Phase: Rückgang und Wünsche

Ganz oben angekommen, gibt es leider nur noch eine Richtung, in die es weitergeht: abwärts. Erfolg frisst bekanntlich seine eigenen Kinder. Und bei keinem Menschen, in keinem Job kann es immer nur bergauf gehen. Entsprechend werden die Erfolge jetzt langsam weniger, bleiben aus oder lassen sich einfach nicht mehr steigern. Die Karriere stagniert. Du bist natürlich auch weiterhin in einer guten Position. Doch in dieser Phase keimen die ersten (Selbst-)Zweifel auf und werden mit der Zeit stärker. Die zuletzt noch so große Motivation nimmt spürbar ab.

Diese Phase ist vergleichbar mit einem Junkie auf Entzug. Der bisherige Dauererfolg hat wie eine Droge gewirkt. Du warst berauscht vom eigenen Erfolg. Es gab immer noch eine neue Steigerung. Jetzt aber nicht mehr so oft. Die Wirkung der Droge lässt merklich nach, auch der Nachschub bleibt aus. Deshalb stellen viele an dieser Stelle sogar ihren Beruf infrage: Der Job scheint einfach nicht mehr zu passen. Unklar sind allerdings die genauen Gründe: Liegt es am Arbeitgeber, an den Aufgaben, an den fehlenden Optionen oder an einem selbst? Der Wunsch nach beruflicher Veränderung wird jetzt immer größer und du suchst nach Auswegen.

Ausgebremst werden viele in dieser Phase noch durch ihr Sicherheitsbedürfnis. Sie haben sich einen guten Lebensstandard aufgebaut, genießen die Annehmlichkeiten eines hohen Gehalts: Luxusartikel, teure Urlaube, vielleicht eine eigene Immobilie. Einen festen und derart gut bezahlten Job einfach so aufgeben? Den erreichten Status an anderer Stelle neu aufbauen? Bleiben ist – vorerst – die bequemere Alternative.

7. Phase: Schlusspunkt und Konsequenzen

Du ahnst es natürlich: Ausharren ist keine Lösung. Und irgendwann ist der Zenit einfach überschritten. Der Jobfrust oder die Langeweile nehmen deutlich zu. Gleichzeitig fühlen wir einen drohenden Abstieg, denn es rücken bereits erste Verfolger nach, die an unserem Stuhl sägen. Gepaart mit den eigenen Zweifeln erkennen wir die harte Realität: „In diesem Job komme ich nicht mehr weiter! Überall ist das Gras grüner als hier!" Statt Freude und Motivation empfindest du auf der Arbeit nur noch Belastung und Unzufriedenheit.

Je länger diese letzte Phase andauert, desto schlimmer sind die möglichen Konsequenzen: Müdigkeit, Unlust oder Kopfschmerzen sind dabei noch die leichtesten Symptome. In schwereren Fällen kommt es zu Herz-Kreislauf-Erkrankungen oder gar zu Depressionen. Und weil das Engagement und die Begeisterung fehlen, nehmen auch die nennenswerten Leistungen ab. Gefährlich! Denn das erhöht jetzt das Risiko einer Kündigung durch den Arbeitgeber – was wiederum noch mehr Angst und Druck erzeugt. Eine Abwärtsspirale entsteht, aus der es nur einen Ausstieg gibt: selbst aktiv werden!

Den Jobzyklus verstehen und nutzen

Bitte nicht missverstehen: Der Jobzyklus soll dir weder Angst machen noch deine Motivation rauben, falls du gerade in den ersten Phasen steckst. Vielmehr ist er eine Erinnerung daran, dass es in jedem Job eine natürliche Entwicklung gibt und Erfolg keine Konstante ist. Mehr noch: Indem du die einzelnen Stationen und Phasen kennst und erkennst, kannst du sie besser verstehen und aktiv gestalten. Gerade in den letzten beiden Phasen, wenn es auf eine neue berufliche Herausforderung zugeht, sind Abwarten und Ausharren keine Optionen. Der Jobzyklus mag bei jedem individuell verlaufen – bei manchen dauern die einzelnen Phasen länger, andere durchlaufen diese schneller. Näherst du dich aber dem Ende des Zyklus, gilt es zu handeln. Ergib dich nicht diesem Schicksal, sondern triff eine bewusste Entscheidung aus der Spirale heraus.

Hoffnung ist keine Strategie. Warte nicht untätig ab, bis es irgendwie besser wird. Die Erfahrungen unzähliger Arbeitnehmer zeigen: Das wird es nicht! Eine solche Hoffnung ist keine Strategie, sondern Naivität. Das bessere Vorgehen: Setz dich frühzeitig mit deiner aktuellen Phase, deiner persönlichen Entwicklung und mit einem möglichen Jobwechsel auseinander. Idealerweise passiert dies bereits in der fünften Phase: auf dem

Höhepunkt. Hier agierst du noch aus einer Position der Stärke heraus. Du bist auf deinem Karrierezenit, mega-erfolgreich und ungekündigt. Von hier aus stehen dir zahlreiche Türen offen. Wenn du aber zu lange wartest, wirkt der Schritt nicht mehr strategisch oder zielgerichtet, sondern eher wie eine Flucht durch den Heldennotausgang. Und genau das schwächt dann wieder deine Verhandlungsposition.

Rechtzeitige Jobwechsel haben Vorteile

Grundsätzlich gilt: Ein Karriereschritt aus freien Stücken wirkt immer souveräner als eine Neuorientierung nach einer Kündigung durch den Arbeitgeber – weil man es „muss". Arbeitnehmerwechsel aus Eigeninitiative sind nie ein Zeichen von Schwäche, kein Eingeständnis, dass du im alten Job nicht gut genug warst oder es nicht gepackt hast, im Gegenteil: Du orientierst dich neu und bewirbst dich, weil DU dich beruflich weiterentwickeln willst und neue Herausforderungen suchst. Nicht, weil du eine Lücke im Lebenslauf möglichst schnell wieder schließen musst.

Ein solcher Jobwechsel ist daher kein Manko, sondern eine bewusste berufliche Entscheidung und aktive Karrieregestaltung. Bedeutet: Du sitzt am Steuer, du gibst die Richtung vor. Und so ist auch dein weiterer Erfolg kein Zufall oder pures Glück, sondern selbst gemacht und selbst verantwortet. Der Applaus dafür gebührt dir ganz allein.

Durch den rechtzeitigen Jobwechsel umgehst du zudem viele negative Effekte der letzten Phase im Jobzyklus: keine wachsende Unzufriedenheit, keine Qual, jeden Tag zur Arbeit zu gehen, kein Stress mit der Situation. Natürlich lassen sich mit dieser Einstellung weder Unsicherheiten, Ängste oder Zweifel ganz verhindern, noch gibt es eine Garantie auf einen Erfolg im neuen Job. Die gibt es aber im aktuellen noch weniger. Erst recht, wenn du passiv bleibst und einfach auf bessere Zeiten hoffst.

FUN FACT: Jobwechsel machen glücklicher

Deine Arbeitgeberwahl ist keine Lebensentscheidung. Die Vorteile aktiver Jobwechsel sind sogar wissenschaftlich belegt. Shoshana Dobrow Riza von der London School of Economics konnte durch ihre Studien zeigen: Mit der Dauer der Beschäftigung bei einem Arbeitgeber sinkt die Zufriedenheit mit der eigenen beruflichen Situation regelmäßig. Auch das ist also ein Beleg für den Verlauf des Jobzyklus und den Honeymoon-Hangover-Effekt. Regelmäßige Jobwechsel dagegen machen Arbeitnehmer glücklicher, so Riza. Sie sorgen immer wieder für neue Hochphasen sowie für neue oder andere Erfolge. Positiver Nebeneffekt: Wir trauen uns mit der Zeit auch immer mehr zu.

Gehen, wenn es am schönsten ist?

Du kennst das Sprichwort: „Man soll gehen, wenn es am schönsten ist." Aber lässt sich das so ohne Weiteres auf den Beruf übertragen? Meine Antwort ist ein klares „Jein". Natürlich muss niemand einen Job aufgeben oder kündigen, sobald er oder sie absolut glücklich damit ist. Das wäre ja auch völliger Blödsinn. Wenn du deinen Traumjob endlich gefunden hast, wenn alles passt, du rundum glücklich und zufrieden damit bist, gibt es keinen Grund, das zu ändern. Genieße die Zeit. Entwickle dich weiter – auch privat – und mach das Beste daraus. Einen solchen Beruf gefunden zu haben, in dem man aufblüht und auch das Gefühl hat, in seiner wahren „Berufung“ angekommen zu sein, ist echte Gnade!

Allerdings – und um dieses Bewusstsein geht es mir – lullt uns Erfolg ein. Und zwar regelmäßig. Das Phänomen hat sogar einen wissenschaftlichen Namen: „Ikarus-Effekt“. Betroffene sonnen sich dann in dem, was sie schon alles erreicht haben, bis sie daran verbrennen. Man könnte auch sagen: Sie ruhen sich auf ihren Erfolgen aus, geben sich mit Erreichtem zufrieden und werden latent selbstgefällig. Und das ist immer gefährlich! Nicht nur weil wir so unseren eigenen Stillstand zementieren, wir sägen auch indirekt an dem Ast, auf dem wir sitzen.

Ich weiß, manche werden jetzt sagen: „Warum muss ich mich denn immer nur weiterentwickeln? Diese permanente Optimierung erzeugt doch nur neuen Druck!“ Das stimmt – und stimmt auch nicht. Richtig ist: Mach dir bei allem keinen Druck! Du „darfst“ dich entwickeln – aber in und zu deiner Zeit sowie hin zu „deinen“ Zielen. Das ist kein äußerer Zwang, sondern eine Chance für dich und ein Geschenk! In dir stecken so viele Talente und Potenziale – und die wollen raus. Unser Körper und unser Gehirn sind so angelegt, dass sie wachsen und sich weiterentwickeln wollen. Persönlicher Fortschritt macht uns nachweislich glücklich. Aber natürlich gibt es im Leben immer wieder Phasen, in denen wir einfach nur genießen und unsere Erfolge feiern dürfen. Nur sollten wir dabei unsere Entwicklung oder unsere Lebensziele eben nicht aus den Augen verlieren.

Gehen, wenn es am schönsten ist, bedeutet deshalb nicht, sofort weiterzuziehen, nur weil man gerade auf dem Gipfel angekommen ist. Du darfst die Aussicht ruhig eine Weile auf dich wirken lassen und dich darüber freuen. Aber lass dich davon eben auch nicht einlullen und behalte deine Trümpfe in der Hand. Es ist schließlich auch kein Fehler, parallel zu einem derart gestärkten Selbstbewusstsein, Erfahrungsschatz und positiven Image eines Leistungsträgers ein bisschen nach links und rechts zu schauen und sich nach Alternativen umzusehen.

Als ich noch angestellt war, habe ich zum Beispiel auf den Rat eines Headhunters und Mentors hin meine Bewerbungsunterlagen regelmäßig einmal im Jahr aktualisiert und auf den neuesten Stand gebracht. Meistens war das „zwischen den Jahren" – also nach Weihnachten und vor Silvester, wenn man auf das vergangene Jahr zurückblickt und ohnehin Bilanz über die eigene Entwicklung zieht und im Kerzenschein oder bei einer guten Flasche Wein neue Pläne schmiedet. Mein damaliger Mentor sagte immer: „Halte deinen Fallschirm jederzeit fertig gepackt!" Und er hatte recht: Allein dadurch blieb ich mental unabhängig. Wenn etwa ein Headhunter anrief, hatte ich sofort perfekte Unterlagen parat. Würde ich eine geniale Stelle finden, könnte ich mich sofort bewerben. Ich war bereit für einen Jobwechsel – jederzeit. Aber den optimalen Zeitpunkt dafür konnte ich selber bestimmen. Oder gehen, solange es noch schön war.

Stecke ich mitten in einer Jobkrise?

Neben dem Höhepunkt in der Karriere gibt es meist noch einen zweiten Zeitpunkt, an dem das Thema Jobwechsel in den Vordergrund rückt: das Tal. Je größer der Frust und je schwerer die Jobkrise, desto klarer das Signal: „Ich muss hier weg!" Jobkrisen sind veritable Warnzeichen, dass du etwas verändern musst. Vor allem wenn sie länger dauern, also „chronisch" werden.

Erste Anzeichen und Symptome können ganz unterschiedlich ausfallen. Für die eine ist es die gläserne Decke – es geht im

Job einfach nicht weiter, weder inhaltlich noch hierarchisch. Für den anderen ist es der fehlende Sinn oder die immer hohleren Aufgaben. Du spürst instinktiv, dass die Arbeit lediglich eine bezahlte „Beschäftigung" ist, aber eben kein Beruf (im Sinne einer „Berufung"), der dich irgendwie weiterbringt, geschweige denn jemals erfüllen kann.

Steckst du gerade in einer solchen Jobkrise? Dann lass uns einen ersten kleinen Test machen! Der folgende Fragebogen kann dir die Augen öffnen, auch wenn das Ergebnis womöglich nicht angenehm ist. Aber sieh es positiv: Sobald wir Klarheit gewinnen und unseren Geist auf ein konkretes Ziel richten, kommt es uns entgegen.

Test: Habe ich eine Jobkrise?

Schau dir bitte die folgenden Aussagen an und überlege dir, ob sie auf dich, deine Situation und deine Gefühle zum Job zutreffen. Besonders wichtig: Sei bei deinen Antworten so ehrlich wie möglich. Es ist zwar leicht und oft nur ein Schutzreflex, sich selbst zu belügen oder sich einen Zustand schönzureden. Das bringt dich aber hier und jetzt nicht weiter. Deshalb: Je spontaner die Antwort, desto wahrer ist sie meist.

- ☐ *Es kostet mich morgens Überwindung, zur Arbeit zu gehen.*
- ☐ *Die letzten Höhepunkte im Job liegen schon fünf Jahre zurück.*
- ☐ *Mir ist eigentlich egal, wie es im Beruf weitergeht.*
- ☐ *Ich beschwere mich nahezu täglich über den Chef und die Kollegen.*
- ☐ *Wenn mich jemand nach meinem Job fragt, antworte ich: „Frag nicht!"*

- [ ] *An echte Höhepunkte im Job kann ich mich kaum erinnern.*
- [ ] *Wertschätzung vom Chef kenne ich nur aus Erzählungen.*
- [ ] *Ich fühle mich im Job oft ungerecht behandelt.*
- [ ] *Ich suche manchmal nach Ausreden, um nicht zur Arbeit zu müssen.*
- [ ] *Meine Karriere stagniert bereits seit längerer Zeit.*
- [ ] *Meine Unzufriedenheit wird zunehmend stärker.*
- [ ] *Ich habe keinerlei berufliche Ziele. Nicht hier.*
- [ ] *Ich bin frustriert, weil sich nichts an der Situation ändert.*
- [ ] *Ich sehe keinerlei Perspektiven oder Chancen in diesem Job.*
- [ ] *Ich bemerke erste körperliche oder seelische Belastungen durch die Arbeit.*
- [ ] *Mein Privatleben leidet unter der beruflichen Situation.*
- [ ] *Ich beneide Freunde, Familie und Bekannte um deren Jobs.*
- [ ] *Meine einzige Motivation ist der Gedanke ans Gehalt.*
- [ ] *Ich habe schon sonntags Bauchschmerzen, wenn ich an Montag denke.*

Beschreiben die Aussagen deine Lage? Wenn du mindestens fünf Mal zustimmen konntest, zeichnen sich bei dir bereits die Anfänge einer veritablen Jobkrise ab und du solltest handeln. Heißt: Bitte nicht in Selbstmitleid verfallen oder über die unfaire Situation jammern. Davon wird es nicht besser. Sondern vielmehr: Ärmel hochkrempeln und aktiv deine Lage verändern. Eine Jobkrise ist schließlich nicht das Ende, sondern der Anfang eines neuen Weges.

Zugegeben, das klingt gefährlich nach Kalenderspruch, wenn ich sage: In jeder Krise steckt eine Chance. Aber nur weil es abgedroschen ist, ist es ja nicht weniger wahr. Überdies holt dich eine solche Einstellung, dieser veränderte Blickwinkel, aus der sonst häufigen Opferhaltung heraus. Ja, die Situation ist suboptimal, aber kein Grund, den Kopf in den Sand zu stecken. Du bist nicht das Opfer deiner Umstände und auch nicht hilflos in einer Situation gefangen. Wer so denkt, macht sich klein, steckt sich selbst Grenzen und fühlt sich nur noch ohnmächtig und elend. Mach Schluss mit der Fremdsteuerung und den Ausreden! Du kannst IMMER deinen weiteren (beruflichen) Weg selbst in die Hand nehmen. Die Frage ist nicht, ob eine solche Veränderung möglich ist, sondern: Bist du bereit dazu? Und davon bin ich zutiefst überzeugt – schließlich bist du immer noch hier und liest dieses Buch weiter. Top!

Hohe Wechselbereitschaft: Bin ich novaturient?

Ich hatte es eingangs und im Vorwort schon angesprochen: Aktuelle Studien und Umfragen bescheinigen den Deutschen eine enorm hohe Wechselbereitschaft. Das Meinungsforschungsinstitut Forsa geht von 37 Prozent der Berufstätigen aus, andere Umfragen kommen auf 57 oder gar auf 67 Prozent. Eine große Anzahl der Teilnehmer plant nach eigenen Angaben den Sprung zu einem anderen Arbeitgeber oder in einen neuen Beruf noch innerhalb dieses Jahres. Übrigens: Auch Managern geht das so. Selten war der Leidensdruck so hoch wie in diesen Tagen.

Gründe für die aktuell hohe Fluktuationsrate gibt es viele: Fast immer werden fehlende Perspektiven genannt, die Unvereinbarkeit von Familie und Beruf, die fehlende Wertschätzung durch Vorgesetzte oder Kollegen oder der geringe Einfluss und Wirkungsgrad der eigenen Arbeit. Kurz: Die Betroffenen fühlen sich nur wie ein Rädchen in einem Getriebe, das aber überhaupt nichts antreibt. Das ist im Grunde auch nichts anderes als die gefühlte Sinnlosigkeit eines Jobs.

Seit dem Jahr 2022 und der massiven Inflation danach ist dann noch ein weiterer starker Treiber hinzugekommen: das Geld. Der schönste Job nutzt natürlich nichts, wenn ich davon nicht mehr leben, meine Miete oder mein Essen bezahlen kann. Entsprechend versuchen viele aktuell, mit einem Jobwechsel ihr Einkommen zu verbessern. Und das ist gar keine so schlechte Idee: Tatsächlich führen externe Jobwechsel nachweislich und in den meisten Fällen zu deutlich größeren Gehaltssprüngen, als das intern möglich wäre.

Jetzt habe ich dich auf den vorherigen Seiten allerdings gefragt, ob du zu diesem Sprung überhaupt bereit bist! In der Fachsprache gibt es dafür einen etwas sperrigen Begriff: novaturient. Übersetzen lässt sich der Fachbegriff auch mit „veränderungswillig", „weltoffen", oder „offen für Neues".

Wenn man dich jetzt danach fragen würde: „Wie offen bist du wirklich?" – dann sagen die meisten natürlich ad hoc: „Total offen, klar!" Aber stimmt das? Eine Studie der Unternehmensberatung Comteam kam zum Beispiel kürzlich zu dem Ergebnis: Die eigene Veränderungsbereitschaft schätzen wir selbst stets höher ein als die der anderen. Unsere eigene Bereitschaft und Kompetenz zur Veränderung verorten wir gern im guten oberen Mittelfeld, die der anderen deutlich darunter. Ein häufiger Trugschluss und eine gern genutzte Ausrede, die letztlich nur dazu dient, in der eigenen Komfortzone zu bleiben. Motto: „Ich könnte, wenn ich wollte, ich will aber nicht." Also bleibt alles beim Alten.

Will ich mich wirklich verändern?

Novaturient zu sein, bedeutet etwas anderes. Es ist der echte WILLE, eine Veränderung nicht nur zu akzeptieren oder passiv hinzunehmen, sondern diese selbst anzustreben und nach den eigenen Wünschen zu gestalten. Das ist eine wichtige Eigenschaft und Geisteshaltung, um eben nicht tatenlos zuzusehen, sondern jederzeit aktiv den eigenen Lebensweg zu gestalten und sich seine Karriere selbst zu erschaffen. Nicht träumen, sondern selber machen.

Zwischen Veränderungswillen und Veränderungsbereitschaft liegt ein Meer an Möglichkeiten. Letzteres ist nicht verkehrt, ein guter Anfang. Der Wille zum Wandel dagegen macht meiner Meinung nach einen wesentlichen Unterschied beim Lebenserfolg. Während die einen auf Neuerungen zwangsweise reagieren und immerhin offen mitmachen, leiten die anderen aus Eigeninitiative schon vorher die nötigen Schritte ein. Zugespitzt könnte man sagen: Den Veränderungswilligen gehört die Zukunft, denn sie erschaffen sie schon, bevor es sie gibt. Statt zu nehmen, was kommt, profitieren novaturiente Menschen massiv und viel früher davon. Auch mental.

Leider ist diese Eigenschaft nicht allen Menschen in die Wiege gelegt. Bei einem Großteil reicht der Wille zur Veränderung gerade mal bis zum ersten Hindernis. Sobald es schwierig wird oder nicht mehr nach Plan läuft, werfen sie das Handtuch. Schade. Andererseits ist es auch ein guter Selbsttest, wie ernst wir es wirklich mit der (beruflichen) Neuorientierung meinen. Und es gibt noch eine gute Nachricht: Veränderungsbereitschaft und Veränderungswille lassen sich beide trainieren. Sie funktionieren wie ein Muskel, den man durch Belastung stärken kann.

5 Tipps für mehr Veränderungswillen

Habe ich dich ein bisschen angefixt und du willst jetzt selbst novaturienter werden? Gut! Lass uns üben, die Kluft zwischen Wunsch und Realität zu verkleinern. Für den Anfang müssen es dazu nicht gleich riesige Neuerungen sein. So ein Sprung ins kalte Wasser kann zwar enorme Energien freisetzen, die erforderliche Überwindungskraft ist aber oft eine riesige Hürde. Erfolgreicher ist häufiger die Methode der kleinen Schritte, mit denen du ebenfalls veränderungswilliger wirst:

Routinen ändern

Routinen und feste Abläufe geben uns Sicherheit. Sie stehen einer möglichen Veränderung aber oft im Weg. Hier hilft es schon, wenn du mit kleinen Dingen beginnst – etwa einem neuen Weg zur Arbeit, einer anderen Morgen- oder Abendroutine oder wenn du öfter mal etwas Spontanes unternimmst. Alles ist gut, was dein Gehirn dazu konditioniert, dass es anders kommt, als es denkt. Dann fallen dir später auch größere Anpassungen leichter.

Projekte starten

Auch im Job kannst du zahlreiche Gelegenheiten nutzen, um Neues auszuprobieren und so deinen Veränderungswillen zu trainieren. Initiiere oder übernimm zum Beispiel ein völlig neues Projekt mit unbekannten Herausforderungen. Arbeite mit Kollegen in einer anderen Abteilung oder mit einem neuen Team zusammen. Oder löse Aufgaben, die du noch nie übernommen hast.

Komfortzone verlassen

Tue etwas, das dir unangenehm ist und dich Überwindung kostet. Gern auch außerhalb des Arbeitsplatzes. Indem du immer wieder deine Komfortzone verlässt, lernst du, dass das gar nicht so schlimm ist. Und das Ergebnis fühlt sich danach sogar oft noch besser an. Eben weil du über dich hinausgewachsen bist und bisherige (gedankliche) Grenzen überwunden hast. Mach zum Beispiel einem oder einer Fremden auf der Straße ein Kompliment (natürlich nichts Anzügliches!) oder probiere im Restaurant ein völlig neues Gericht aus einer fremden Kultur. Selbst wenn es nicht schmeckt – du bist danach um eine Erfahrung reicher und beweist dir selbst: Es gibt ein größeres Leben außerhalb der Komfortzone (siehe Grafik)!

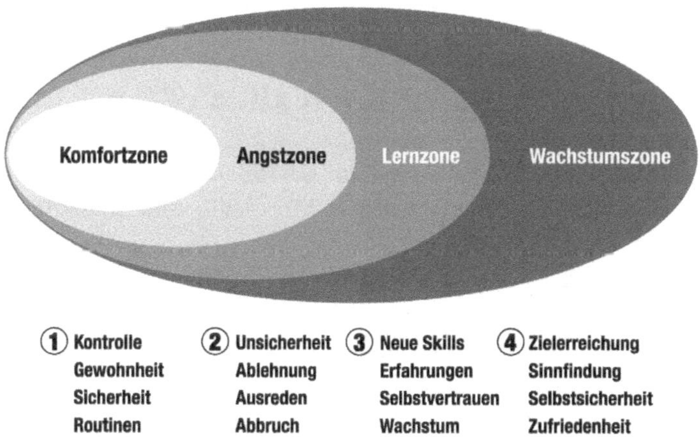

Wünsche aufschreiben

„Ich möchte unbedingt mal eine Weltreise machen!" Oder: „Ich will tauchen lernen!" – Schreibe dir solche Ziele auf! Das motiviert nicht nur, sondern kann weitere Veränderungen anstoßen. Denn mit deinen Wünschen vor Augen wirst du immer wieder daran erinnert, was du erreichen möchtest und was noch notwendig ist, um es Wirklichkeit werden zu lassen. Wer für seine Beschränkungen kämpft, wird sie behalten. Wer dagegen Ziele formuliert und daran arbeitet, erreicht mehr. Zufriedener macht es sowieso.

Inspiration suchen

Viele Menschen erzählen, dass sie nach einer Veränderung wesentlich glücklicher sind als zuvor. Lass dich von diesen Geschichten inspirieren! Suche dir Vorbilder, Mentoren und ein Umfeld aus anderen novaturienten Menschen – und mach es ihnen nach. Letztlich ist es immer so: Der Weg aus der Angst heraus geht immer durch die Angst hindurch.

Auch mit Ü50 ist noch alles offen

Ich höre leider immer wieder die Aussage: „Über 50 kann man keinen Jobwechsel mehr riskieren." Die Argumente sind immer gleich: „Auf dem Arbeitsmarkt hat man in diesem Alter keine Chance mehr." Oder: „Die Unternehmen stellen doch nur junge Mitarbeiter ein." Oder: „Mit Ü50 fehlt es den Mitarbeitern an Flexibilität und langfristiger Perspektive." Ganz ehrlich: Das ist Bullshit! Ich habe erst kürzlich meinen Schwager dabei unterstützt, einen neuen Job zu finden, nachdem er mit Ü50 seinen alten nach rund 30 Jahren Betriebszugehörigkeit verloren hat. Er hat jetzt wieder eine neue Position, über die er sich riesig freut! Wir haben aus diesem Anlass sogar eine Party gefeiert. Genauso habe ich viele Freunde und Bekannte, die in der zweiten Lebenshälfte noch mal richtig durchgestartet sind. Teils auch selbstständig mit einem eigenen Unternehmen. Alter ist eine Ausrede, aber kein Grund!

Natürlich sind der bisherige Lebenslauf und die gesammelten Qualifikationen und Erfahrungen bei einem späten Wechsel nicht unerheblich. Deshalb betone ich ja auch immer wieder, dass geistige und berufliche Beweglichkeit sowie permanente Persönlichkeitsentwicklung in Eigeninitiative so wichtig sind – egal in welchem Alter. Dann wird man später auch nicht von irgendeiner Entwicklung kalt erwischt.

Aber auch so ist es möglich, mit Ü50 einen kompletten Neuanfang zu schaffen. Schon rein rechnerisch bleiben dir bis zur Rente ab 50 noch rund 17 Jahre. 17 Jahre! Das ist eine Menge Zeit. Erinnere dich bitte daran, was du alles zwischen 23 und 40 erreicht hast: Ausbildung oder Studium abgeschlossen, Karriere gemacht, Familie gegründet, Bäume gepflanzt, so was. Warum soll das ab 50 plötzlich nicht mehr gehen? Seien wir ehrlich: Meistens liegt das daran, dass wir die Mühen und möglichen (vorübergehenden) Einschränkungen beim Lebensstil scheuen. Es geht grundsätzlich schon, es ist nur nicht immer so bequem, noch mal von vorn anzufangen.

Aber auch hier stelle ich gern die Frage: Was ist die Alternative? 17 Jahre lange in einer beruflichen Situation verharren und jammern, dass sie einen ach so unglücklich macht?! Wer aus dem richtigen Antrieb heraus handelt und in der Bewerbung seine Stärken in passende Argumente verpackt, kann auch im reifen Alter und zu einem späten Zeitpunkt den nächsten beruflichen Schritt gehen. Garantiert!

Ü50? Spiele deine Trümpfe aus!

Eine Bewerbung ab 50 kann durchaus auf soliden Beinen stehen, du musst nur deine Vorzüge betonen und deine Asse im Ärmel clever ausspielen. Hier ein paar Beispiele, wie das gelingen kann und wie schon ein simples Umdenken aus einem vermeintlichen Makel ein Privileg macht:

Erfahrung

Wer älter wird, dem baut der Geist Brücken statt Krücken: Als Best Ager kannst du auf mehr als 30 Jahre Berufserfahrung zurückblicken. Bedeutet: Du kennst kritische Probleme im Job und auch gleich die möglichen Lösungen. Das macht dich gelassener und stressresistenter. Überdies bist du mit deiner Erfahrung versiert genug und brauchst kaum noch Einarbeitung.

Menschenkenntnis

Wer lange mit Chefs, Kollegen und Kunden zu tun hatte, verfügt über ausgeprägte Soft Skills und Sozialkompetenzen wie Empathie oder Konfliktfähigkeit. Das haben Ältere vielen Jüngeren voraus.

Ausdrucksvielfalt

Wer im Berufsleben lange aktiv ist, verfügt über einen ausgeprägteren Wortschatz. Du kennst alle wichtigen Fachbegriffe. Generell nimmt das Sprachvermögen und die Ausdrucksvielfalt ab 50 zu. Du bist also nicht nur wortgewandter, du kannst dich auch verständlicher machen und dich besser durchsetzen.

Konzentration

Im Alter nimmt die Fähigkeit zu, sich auf eine Aufgabe zu konzentrieren. Ablenkungen machen einem weniger aus. Das geht Hand in Hand mit der Fähigkeit, Wichtiges von Unwichtigem zu unterscheiden.

Produktivität

Ein Sprichwort sagt: „Neue Besen kehren gut, aber die alten kennen die Ecken." Bei Bewerbern mit 50 plus ist das nicht anders: Sie sind routiniert, kennen aber auch die Schleichwege und Abkürzungen. Das macht ihre Arbeitsweise effizienter und produktiver. Obendrein übernehmen sie bereitwillig mehr Verantwortung. Noch ein Pluspunkt!

Kombinatorik

Aufgrund deines Erfahrungsschatzes erkennst du im Alter schneller Zusammenhänge und kannst komplexe Probleme schneller lösen. In der Fachsprache wird dies „kristalline Intelligenz" genannt. Diese Fähigkeit nimmt im Alter ebenfalls zu.

Loyalität

Ältere Mitarbeiter müssen sich und anderen nichts mehr beweisen. Das macht sie extrem loyal. Im Zweifel wechselst du danach nicht mehr so schnell den Job. Das führt zu höherer Zuverlässigkeit und ist ebenfalls ein starkes Argument in der Bewerbung.

Du siehst: Du bist nie „zu alt" für einen Jobwechsel oder Neuanfang. Es ist wieder allein eine Frage des Veränderungs-WILLENS, also wie novaturient du bist. Und diese Eigenschaft altert nicht, es ist eine reine Willensfrage. Du musst dich nur dafür entscheiden.

Du suchst mehr Tipps und Vorlagen für eine Bewerbung ab 50? Dann findest du wieder viele Muster, Beispiele und bewährte Formulierungen für Anschreiben und Lebenslauf in der Karrierebibel. Dein Alter ist erst ein Handicap, wenn du es dazu machst!
https://karrierebibel.de/bewerbung-50plus/

Motive und Gründe für einen Jobwechsel mit 50

Die Motive hinter einem Jobwechsel sind zwar individuell, sie verändern sich aber mit dem Alter. Berufseinsteiger befinden sich meist noch in einer Orientierungsphase und suchen nach einem Umfeld, das Spaß macht, Raum zum Ausprobieren bietet und ihnen viele Freiheiten lässt. Etwas später in der Karriere geht es dann mehr um einen Aufstieg in höhere Positionen, zunehmende Spezialisierung im eigenen Fachbereich oder um einen Wechsel aufgrund von Veränderungen im Privatleben. Im Alter wiederum suchen viele weniger Belastung bei einem möglichst konstanten Lebensstandard und Standing im Job.

Unabhängig vom Alter oder diesen unterschiedlichen Wechselmotiven gilt jedoch mit 25 wie mit 50 oder mehr Lebensjahren: Eine berufliche Veränderung ist vor allem dann sinnvoll und erfolgreich, wenn du auf ein konkretes Ziel hinarbeitest und die Entscheidung aus den richtigen Gründen getroffen wird.

Gute Gründe, um zu einem anderen Arbeitgeber zu wechseln, gibt es gerade auch für ältere Beschäftigte. Es schadet nicht, sich dabei selbst zu hinterfragen und diese Gründe zu reflektieren – nicht zuletzt weil du im Vorstellungsgespräch womöglich danach gefragt wirst und eine clevere Begründung generell die Bewerbungschancen erhöht. Aber schauen wir uns diese Gründe und Motive wieder genauer an:

Keine weitere Entwicklung

Mit 50 ist die Karriere noch lange nicht am Ende. Dir bleiben noch mehr als 15 Jahre im Beruf. Viel zu lang, um sich mit dem Stillstand abzufinden! In der aktuellen Position hast du jedoch keinerlei Entwicklungsperspektiven mehr? Der Chef behandelt dich schon jetzt, als würdest du auf dem Abstellgleis stehen?

Dann ist eine berufliche Veränderung ebenso ratsam wie nachvollziehbar. Wenn du schon jetzt unzufrieden bist, solltest du mit dem Jobwechsel nicht erst bis zum 60. Geburtstag warten.

Veränderte Erwartungen

Mit der Zeit ändern sich Erwartungen und Prioritäten. Das gilt übrigens in beide Richtungen: für deine eigenen Prioritäten oder die Erwartungen, die an dich im Job gestellt werden. Wenn du und die aktuelle Position dann nicht mehr zusammenpassen oder sich deine Einstellung zum Beruf ändert, ist das ebenfalls ein guter Grund für einen Jobwechsel mit 50 plus.

Neue Herausforderungen

Dies klingt klischeehaft, gewiss. Vermutlich sagt das jeder Bewerber im Interview: „Ich suche eine neue Herausforderung." Aber es bleibt trotzdem ein guter Grund, wenn es nicht bloß eine Floskel ist. Wenn du dich schon seit einiger Zeit unterfordert fühlst oder sogar langweilst; wenn du spürst, dass du bei der Arbeit praktisch nur noch auf Autopilot agierst, dann ist das anfangs vielleicht noch entspannend. Mit der Zeit aber wird das zur Belastung, glaub mir. Da war ich auch schon. Und es funktioniert allenfalls ein, zwei, drei Jahre lang. Danach überwiegen Unmut und Frust. Besser ist, die Reißleine vorher zu ziehen und sich einen neuen Kick zu suchen. Egal wie alt du bist: Das setzt immer ungeahnte Energien frei und durchlüftet den Geist.

Die Psychologie der Veränderung

Deiner generellen Wechselbereitschaft und Vorstellung von einer spannenden und besseren beruflichen Zukunft steht allerdings ein großer und leider schwerer Bremsklotz gegenüber:

die Angst vor Veränderung. Von einem Job wünschen wir uns eben nicht nur mehr Zufriedenheit und Sinn, sondern heimlich und ganz tief in uns drinnen auch mehr Sicherheit. Nach außen manifestiert sich das beim Gehalt: Ein größeres Einkommen steht für finanzielle Sicherheit. Wir können weiterhin den Lebensunterhalt bestreiten, die Miete bezahlen, Rechnungen begleichen, uns etwas leisten ... Hinzu kommt die emotionale Sicherheit: also eine gewisse Stabilität im eigenen Umfeld. Die meisten suchen einen neuen Job im Umkreis von maximal 50 Kilometern. So bleibt der Freundeskreis erhalten, womöglich müssen sie nicht mal umziehen. Und unbefristete und lange Arbeitsverhältnisse schaffen überdies die Sicherheit, dass das Meiste so bleibt, wie es ist. Es gibt eben nur mehr Geld dafür und auch der Spaß kommt wieder zurück. Schöne Vorstellung, aber auch ein bisschen naiv.

Eine wirkliche Veränderung ist dagegen immer mit Ängsten und ungewissem Ausgang verbunden: könnte klappen – muss es aber nicht. Das Ergebnis lässt sich nie zu 100 Prozent voraussagen. Eine Erfolgsgarantie bei einem Jobwechsel gibt es nicht. Es wäre auch unseriös, diese zu versprechen. Zumal jeder neue Job auch seine Schattenseiten hat. Nichts ist perfekt. Was zählt, ist aber, dass die Bilanz unterm Strich stimmt und ich mich insgesamt besser fühle, meine Potenziale mehr ausschöpfen sowie meinen Zielen näherkommen kann.

Das Traurige an dieser Angst ist nur: Sie lähmt und hält uns davon ab, glücklicher zu werden. Angst ist vielleicht das elendeste aller Gefühle überhaupt: bang, beklemmend, quälend bis panisch. Die Angst kann uns beschleichen oder plötzlich überfallen, würgen und ins Bodenlose stürzen. Statt Wagnis und Entwicklung wählen dadurch viele die Stagnation: lieber das bekannte Unglück als das unbekannte Glück! Das Missliche wird zum Feind des Besseren. Irgendwie blöd, oder?!

Woher kommt die Angst vor Veränderung?

Veränderungen sind ein fester Bestandteil des Lebens. Nicht nur ein Jobwechsel, sondern auch ein Umzug, das Ende der Schulzeit oder eine neue Beziehung markieren solche Wendepunkte, die uns jedes Mal vor neue Herausforderungen stellen. Trotzdem oder gerade deswegen stemmen wir uns jedes Mal mit Händen und Füßen dagegen. Auch hierfür gibt es wieder zwei (nahezu unaussprechliche) Fachbegriffe, die ich nur kurz der Vollständigkeit halber erwähnen will: „Methatesiophobie" ist die Angst vor Veränderung und „Neophobie" ist die Angst vor Neuem. Das Thema ist in der Wissenschaft durchaus bekannt und auch professionell erforscht. Aber warum haben so viele Menschen dann diese Ängste? Laut Forschungen und Psychologie können dahinter mehrere Ursachen stecken:

- **Schlechte Erfahrungen**
  Ein möglicher Auslöser sind schlechte Erfahrungen in der Vergangenheit. Du hast zum Beispiel schon einmal etwas verändert, was sich im Anschluss als Debakel herausgestellt hat. So etwas willst du nie wieder erleben – verständlich. Der Eindruck wirkt jedoch so nachhaltig, dass du daraus auf alle zukünftigen Optionen schließt. Die eine negative Erfahrung reicht aus, um dich dauerhaft zu blockieren. Bei jeder Neuerung kriecht dir ein Schauer über den Rücken: Könnte wieder schiefgehen und in einer Katastrophe enden! So entsteht ein tief verankertes Denkmuster: Veränderungen sind schlecht.

- **Fehlendes Selbstbewusstsein**
  Oft steckt hinter der Angst vor Veränderung ein geringes Selbstbewusstsein. Du glaubst nicht an dich und

bist überzeugt, dich weder an die neue Situation anpassen noch mögliche Hindernisse überwinden zu können. Bei dieser Ursache fürchtest du nicht die Veränderung selbst – die Angst ist die Angst vor dir selbst. Sie entsteht durch die Unsicherheit, mit einer neuen Situation generell nicht umgehen zu können.

- **Keine Kontrolle**
  Nicht zuletzt entsteht die Angst vor Veränderung durch den damit verbundenen Kontrollverlust. Vorab lässt sich nie genau sagen, was sich alles verändern wird. Selbst dann nicht, wenn zunächst alles nach Plan verläuft. Manche Dinge verselbstständigen sich. Und das Gefühl, diese Dinge nicht kontrollieren zu können, diese latente Ohnmacht, kann uns enorm verunsichern. Wir wollen zwar Veränderung, aber bitte nicht scheitern! Das Ergebnis dieses Denkens ist wie Schaukeln: Wir bewegen uns, kommen aber nicht von der Stelle.

Freiwillige oder unfreiwillige Veränderung?

Natürlich kommt es bei alledem immer auch darauf an, ob uns die Neuerungen aufgezwungen werden oder der Umbruch freiwillig gewählt wird. Der freiwillige Wandel ist – klar – der deutlich angenehmere Schritt. Du handelst aus eigenem Antrieb heraus und besitzt maximale Motivation, das mit der Anpassung verbundene Ziel zu erreichen. Zwar bleibt auch hierbei immer eine Art Restrisiko und die Angst, die falsche Entscheidung zu treffen. Aber allein die Tatsache, dass du aus eigenen Stücken heraus handelst und dabei relativ frei und autonom bist, senkt den Angst- und Stresspegel deutlich gegenüber der Alternative B: der unfreiwilligen Veränderung.

Bei einem solchen unfreiwilligen Change-Prozess sind Widerstände geradezu vorprogrammiert. Es ist weder deine Wahl noch dein Wunsch, dass alles anders wird. Die Veränderung wird dir aufgezwungen – entweder par ordre du mufti oder im Falle eines Jobwechsels durch eine Kündigung deines Arbeitgebers. Eine solche Neuerung fühlt sich anfangs immer mies an und stellt eine starke psychische Belastung dar. Die meisten Menschen erleben solche Change-Prozesse sogar in fünf typischen und aufeinanderfolgenden Phasen:

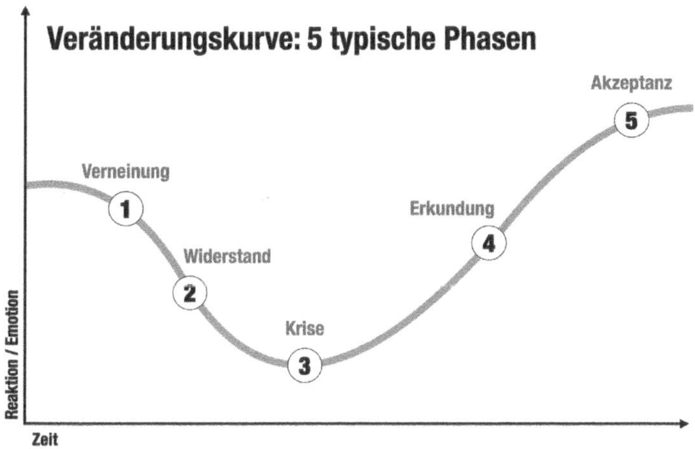

1. **Verneinung**
   Dein erster Gedanke: „Ich will das nicht! – Bitte nicht das!" Also machst du zuerst mal zu und verweigerst dich der Veränderung komplett, ignorierst deren Notwendigkeit oder verschließt die Augen vor dem, was gerade passiert. Vielleicht kann das alles einfach wieder weggehen ... Bitte!?

2. **Widerstand**
   Klar, Verneinung und Ignoranz bewirken überhaupt nichts. Die Veränderung ist immer noch da. Genauso die Angst. Entsprechend gehen die meisten jetzt in den aktiven Widerstand und zivilen Ungehorsam. Motzen und Drohen sind dabei noch die harmlosen Formen. Manchmal kommt die Sabotage dazu. Gefährlich! Aber aufhalten lässt sich damit auch nichts. Deshalb folgt Phase 3 …

3. **Krise**
   Irgendwann muss jede(r) einsehen, dass jeder Widerstand zwecklos ist. Der Drops ist gelutscht, die Veränderung unabwendbar. Es ist der Tiefpunkt der Veränderungskurve. Hier sind die Angst und Ohnmacht am größten. Betroffene zweifeln jetzt alles an, sehen nur schwarz und wissen nicht, wie es weitergehen soll. Schlaflose, schweißnasse Nächte sind oft die Folge.

4. **Erkundung**
   Zum Glück geht es ab Phase 3 in der Regel wieder aufwärts. Aus destruktivem Widerstand wird konstruktive Besinnung: Die Betroffenen sehen sich nach Optionen und Alternativen um. Daraus ergeben sich wiederum Chancen, die vorher aus Angst oder Frust unsichtbar blieben oder komplett ausgeblendet wurden. Diese Optionen werden schließlich vorsichtig getestet und Schritt für Schritt umgesetzt.

5. **Akzeptanz**
   Auf die erste Erkundung folgt eine weitere Erkenntnis: „Alles gar nicht so schlimm wie befürchtet!" Wir

akzeptieren die neue Lage und freunden uns mit der neuen Wirklichkeit an. Das Leben geht wirklich weiter, und in der Rückschau stellen wir fest: Da, wo eine Tür zugeschlagen wurde, haben sich für uns ganz neue geöffnet. Vielleicht sogar zu größeren und schöneren Räumen. Oder wie es der Philosoph Søren Kierkegaard einmal so schön formuliert hat: „Wir müssen das Leben vorwärts leben und rückwärts verstehen."

Das Gute daran ist: Wer die Psychologie und die Phasen hinter Veränderungen versteht, kann damit automatisch besser und auch entspannter umgehen. Ich sage nicht, dass die Ängste dadurch verschwinden. Aber allein die Tatsache, dass du weißt, was gerade in dir passiert und dass diese Phasen ganz normal sind, nimmt viel Druck raus. Mit etwas mehr Übung gelingt es Profis sogar, die erste Phase auf ein paar Schockminuten zu reduzieren und die Phasen 2 und 3 direkt zu überspringen, weil sie ohnehin nichts bringen und nur belasten.

Was tun gegen Angst vor Veränderung?

Apropos: Diese klassischen Ängste vor Veränderungen, wie sie eben auch bei Jobwechseln typisch sind, lassen sich tatsächlich minimieren und in den Griff kriegen. Keine Frage, das gelingt nicht auf Anhieb und fällt auch nicht leicht. Erst recht, wenn die Ängste tief sitzen und sich deshalb nur schwer kontrollieren lassen. Trotzdem gibt es ein paar erprobte mentale Übungen und Methoden, mit denen du wieder Herr über deine Angst wirst.

Vorab ist es hilfreich zu verstehen, dass das Gefühl der Angst ein komplexes Wechselspiel von Hormonen und Hirnfunktionen ist. Hauptverantwortlich für das emotionale Erleben ist unsere Großhirnrinde. Sie bewertet eine Situation und reagiert unmittelbar auf eine mögliche Bedrohung. Die Amygdala wiederum schickt Signale an die Nebennieren. Die schütten die Stresshormone Adrenalin und Cortisol aus. Die Leber produziert Zucker und das Adrenalin beschleunigt den Herzschlag und flutet die Muskeln mit Blut. Der Effekt ist: Wir können blitzschnell reagieren – mit Angriff oder Flucht. Oft reicht es aber gerade mal zu Erstarrung. Was also tun gegen die hausgemachte Selbstblockade?

Stellen

Gestehe dir ruhig ein, dass du Angst hast, und laboriere nicht an Symptomen. Indem du dir die Auslöser bewusst machst und diese als unbegründet entlarvst (was sie in den meisten Fällen sind), nimmst du der Angst ihre Kraft. Bei sozialen Phobien zum Beispiel kannst du gezielt üben, Fremde anzusprechen, ihnen in die Augen zu sehen oder Reden vor Publikum zu halten.

Erforschen

Analysiere und hinterfrage deine Ängste: Wie fühlt sich diese spezielle Angst an? Was löst sie aus? Wie reagiert dein Körper darauf? Welche Gedanken kreisen dann im Kopf? Indem du mit Interesse deine Angst erforschst, schmilzt die Bedrohung. Manche empfehlen sogar, mit der Angst zu „sprechen" – auch das macht sie eher zum Verbündeten als zum Feind.

Reden

Ein offener Umgang mit den eigenen Ängsten fällt vielen schwer, ist aber ein besonders wirksamer Weg, um diese zu überwinden. Besprich deine Sorgen mit Freunden oder deinem Partner. Schon durch das Verbalisieren und Teilen lassen sich Befürchtungen verarbeiten. Und das Feedback dazu gibt zusätzliche Impulse, der Rückhalt und die mentale Unterstützung sowieso.

Ablenken

Die meisten Menschen fokussieren sich bei einem Angstanfall auf die Begleiterscheinungen – etwa die schwitzigen Hände, das Zittern, Stottern und Erröten. Das macht alles nur noch schlimmer. Verändere den Blickwinkel und richte den Fokus nach außen. Ignoriere die körperlichen Signale weitestgehend und konzentriere dich auf das, was dir Sicherheit gibt – zum Beispiel deine gute Vorbereitung, ein guter Plan, Unterstützer und Freunde im Hintergrund. So bleibst du in der Realität und stoppst das Gedankenkarussell.

Bewegen

Stress und Angst sind nahe Verwandte – und können ähnlich überwunden werden: durch Bewegung. Wenn wir aufstehen, spazieren gehen oder Sport machen, zwingen wir auch unseren Geist aus dem Tunnel heraus, erweitern den Horizont und bekommen den Kopf frei. Bewegung bringt uns nachweislich auf andere (gute) Gedanken.

Trainieren

Angstbesetzte Situationen zu vermeiden konserviert die Angst eher noch. Stattdessen solltest du immer wieder trainieren, besser damit umzugehen. Begib dich immer wieder in kleine Situationen, die Angst auslösen, und übe, diese zu überwinden. Ausschlaggebend ist, dass du die Angst einerseits zulässt aber auch trainierst, damit umzugehen und der Erwartungsangst erst gar kein Futter zu geben.

Ernähren

Kein Scherz: Die richtige Ernährung kann Angst reduzieren. Viel Zucker, Tabak, Alkohol und Koffein können Ängste begünstigen. Indem du dich besser und ausgewogener ernährst und regelmäßig (und ausreichend) schläfst, stärkst du dein seelisches und geistiges Immunsystem und gewinnst zusätzliche Energie sowie mentale Stärke.

Glauben

Und schließlich zählt noch das richtige Mindset: Wer von Anfang an glaubt, dass er oder sie die Veränderung nicht meistern kann, füttert nur seine Ängste. Umgekehrt wird ein Schuh daraus: Manifestiere positive Glaubenssätze und sage dir immer wieder, dass du gestärkt aus der Krise hervorgehen wirst. Optimismus gepaart mit gesundem Selbstbewusstsein ist eines der effektivsten Mittel gegen die Angst vor Veränderung.

Negative Glaubenssätze entlarven

Neben der Angst gibt es leider auch einige Ausreden oder negative Glaubenssätze, die Menschen immer wieder blockieren und davon abhalten, ihren Job zu wechseln oder Neuland zu betreten. Es sind gemeine Denkfallen, die die Betroffenen sprichwörtlich klein halten und den Status quo fixieren, obwohl eine Veränderung längst angezeigt ist und auch der bessere Schritt wäre. Besonders fies sind diese Fallen, weil Betroffene gar nicht erst merken, dass sie aus völlig verkehrten Motiven untätig bleiben und verharren.

Das beste Mittel dagegen: sich selbst besser kennenlernen und die falschen Gründe als solche aufdecken. Hier eine kleine Übersicht als Denkanstoß:

- **Risikoaversion („Das lohnt sich nicht!")**
  Der erste Grund, warum Menschen in einem miesen Job bleiben, hängt eng mit der Angst vor Veränderung zusammen: Sie sind von Natur aus risikoavers,

scheuen also generell jedwede Art der Unsicherheit oder potenzielle Gefahr. Bei mehreren Optionen entscheiden sie sich immer für die Variante mit dem geringsten Risiko. Das kann ein Schutzmechanismus sein, im Falle des Jobs ist es aber meist nur pure Bequemlichkeit. Wer neue Wege gehen will, muss sich bewegen, anstrengen, etwas unternehmen und riskieren. Die Denkfalle dahinter: „Die Mühe lohnt sich nicht!" Tatsächlich aber kostet das Festhalten, Ausharren und Arrangieren längst viel mehr Kraft.

- **Geldfalle („Ich kann mir das nicht leisten!")**
  Eine regelmäßige Bezahlung tröstet über manche Nachteile im Job hinweg. Nervige Kollegen? Unfähiger Chef? Miese Atmosphäre? Dann wird das Gehalt eben zur Schmerzzulage! Die Rechnung geht trotzdem nicht auf, weil sich seelische und körperliche Gesundheit dadurch nicht kaufen lassen. Betroffene bezahlen am Ende einen viel höheren Preis: den eines vergeudeten (Arbeits-)Lebens, das viel voller und glücklicher hätte verlaufen können.

- **Falsche Freunde („Bei mir ging das auch schief!")**
  Manche Denkfallen müssen nicht einmal von uns selbst kommen. Auch unser direktes Umfeld beeinflusst uns. Und nicht jeder Ratschlag ist gut oder bringt uns weiter. Insbesondere die Tipps von chronischen Skeptikern, Schwarzmalern und Menschen, die selbst nie etwas gewagt oder erreicht haben, können geradezu toxisch sein. Achte bei einem Jobwechsel deshalb genau darauf, auf wessen Ratschlag du hörst, und suche dir gezielt Menschen und Mentoren, die weiter sind als du; die wissen, was funktioniert. Höre

nicht auf falsche Freunde, die dir nur von Grenzen erzählen, die ihre eigenen sind.

- **Gewohnheit („Augen zu und durch!")**
Viele Arbeitnehmer machen auch einfach so weiter, weil es zur Gewohnheit geworden ist. Nicht nur der Job, sondern eben auch das Verdrängen, Ausharren, Schönreden. Auch das Leben auf das Wochenende hin kann zur Routine werden und uns komplett einlullen. Von montags bis freitags betäuben sich diese Werktagszombies mit Glotze und Alkohol, am Wochenende erwachen sie zu neuem Leben. Allerdings zum Preis der Stagnation und geistigen Verwesung. Dabei ist diese Komfortzone gar nicht wirklich gemütlich oder angenehm! Es ist ein Abfinden mit dem, was ist, statt zu erreichen, was sein könnte.

- **Aussichtslosigkeit („In meiner Lage? Unmöglich!")**
Eine der größten mentalen Hindernisse und Fallen ist die tiefe innere Überzeugung, dass ein Wechsel unmöglich ist oder die Veränderung überhaupt keine Verbesserung bringen kann. Ganz typisch und hatten wir schon: „In meinem Alter kann man nicht mehr den Job wechseln." Oder: „Ich kann nicht umziehen, so eine Wohnung finde ich nie wieder." Oder ganz simpel: „Das geht nicht!" Was hier als Tatsache dargestellt wird, ist in Wahrheit aber nur eine Annahme. Die Blockade existiert allein im Kopf. Aber genau da lässt sie sich lösen, wenn wir sie als bloße Behauptung dekonstruieren.

Du hast immer drei Optionen!

Von der Unternehmer-Legende Henry Ford stammt das Bonmot: „*Love it, leave it or change it!*" Darin ist eine ewige Wahrheit enthalten: Egal in welchem Bereich deines Lebens – ob Beruf, private Situation oder Beziehung –, wenn du damit unzufrieden bist, bleiben dir immer drei Alternativen: Du kannst lernen, deine Situation anzunehmen, vielleicht sogar sie (neu) zu lieben und eine positive Einstellung dazu zu entwickeln (love it); du kannst einen großen Ausfallschritt machen und weiterziehen (leave it) oder du änderst die Situation, die Ursachen oder dich selbst (change it).

Hinter der Weisheit steckt noch mehr: die Erkenntnis, dass Glück kein Glücksfall ist, sondern das Ergebnis unseres Denkens und Handelns. Nicht die Umstände sind das Problem, sondern, wie wir sie bewerten und was wir daraus machen. Durch Lieben, Lassen oder Verändern übernimmst du die Verantwortung für deine Zukunft und gibst den Gefühlen des Ausgeliefertseins oder der Ohnmacht erst gar keine Chance. Statt zu jammern oder Ausreden zu suchen, weist uns der Spruch drei mögliche Auswege. Kurz: Er bewahrt uns davor, in die Rolle des Opfers äußerer Umstände zu schlüpfen. Denn wem wir die Schuld geben, dem geben wir auch die Macht (über uns). Oder wie es Dale Carnegie einmal formuliert hat: „Glück hängt nicht davon ab, wer du bist oder was du hast; es hängt nur davon ab, was du denkst."

So funktioniert „Love it, leave it or change it"

Jede der drei Entscheidungen führt dich letztlich aus der eigenen Komfortzone heraus – oder zwingt dich dazu, aktiv zu werden, dich wirklich darauf einzulassen und die nötigen Schritte zu gehen. Zum Abschluss dieses Kapitels möchte ich mit dir diese drei Optionen einzeln durchgehen und dir konkrete Tipps an die Hand geben, wie sich diese Optionen umsetzen lassen. Bereit? Dann los …

Love it

Diese Option startet immer mit Selbstreflexion. Im ersten Schritt geht es darum, die aktuelle Situation zu prüfen: Ist sie wirklich so schlecht, wie du denkst, oder nimmst du sie nur so wahr, weil du (oder die Kollegen) schon so lange darüber klagst? Mit den folgenden Fragen kannst du deine aktuelle Situation analysieren und bewerten:

- *Was frustriert mich genau daran?*
- *Wie wirkt sich das für mich aus?*
- *Was ist daran langfristig schlecht?*
- *Gibt es auch positive Folgen für mich?*
- *Hat die Situation einen Lerneffekt für mich?*
- *Was müsste sich ändern, damit es wieder besser wird?*
- *Kann ich selbst das Problem ganz einfach ändern oder vermeiden? Wie?*
- *Kann ich mich mit meiner Lage dann arrangieren?*
- *Gibt es einen Kompromiss?*
- *Hätte dieser Kompromiss negative Auswirkungen?*
- *Was würde ich dadurch gewinnen?*

„Love it“ bedeutet nicht, dass du Dinge überhaupt nicht ändern kannst und hinnehmen musst. Oft sind es schon Kleinigkeiten oder eine konstruktive Aussprache, die einen großen Unterschied machen. Womöglich ist der Job, den du jetzt ausübst, gar nicht so schlecht und du kannst ihn wieder schätzen und „lieben“ lernen. Mit ein paar Stellschrauben lässt sich manche Lage erträglicher machen – oder du findest einen Weg, damit langfristig wieder umgehen zu können. Die Betonung hierbei liegt auf dem Wort „langfristig"! Wenn sich auf Dauer so gar nichts Gutes an der Lage finden lässt, geht es weiter zur zweiten Alternative ...

Leave it

Das ist die radikalste Alternative – und der extreme Gegenpol zum Annehmen, Lieben und Arrangieren: Du ziehst einen konsequenten Schlussstrich und machst Nägel mit Köpfen! Ohne Wenn und Aber. In unserem Fall ist das ein externer Jobwechsel, weg vom aktuellen Arbeitgeber oder Beruf. Denn lässt sich an der aktuellen Situation partout nichts Positives finden oder schadet sie dir sogar körperlich, musst du auch nicht krampfhaft daran festhalten. Bei „Leave it" verlässt du buchstäblich Job, Partner, falsche Freunde, toxische Menschen und so weiter. Ständige Konflikte und Belastungen, die am Ende der Gesundheit schaden, lösen nur gefährlichen Distress aus. Und der kann zu Schlafstörungen, einem veränderten Hormonhaushalt bis hin zum Burn-out führen.

Auch hierbei helfen wieder Reflexionsfragen, wie sie auch im Coaching vorkommen, um dir mehr Klarheit darüber zu verschaffen, ob du für diesen harten und radikalen Schritt bereit bist:

- *Wie lange belastet mich die Situation schon?*
- *Welche Auswirkungen hat sie – beruflich, privat, gesundheitlich?*
- *Was habe ich unternommen, um das Problem zu lösen?*
- *Warum bin ich damit gescheitert?*
- *Bleiben mir noch andere Lösungen und Alternativen?*
- *Welche Folgen hat es, wenn ich einen Schlussstrich ziehe?*
- *Welche Schritte muss ich dazu unternehmen?*
- *Was muss ich dafür in Kauf nehmen?*
- *Welche Risiken gibt es?*

- *Wann möchte ich aus der aktuellen Situation heraus?*
- *Was muss ich tun, um in Zukunft nicht mehr in diese Situation zu kommen?*

Wie gesagt: Das „Verlassen“ ist die Ultima Ratio – der letzte Ausweg, das letzte Mittel zur Lösung eines unlösbaren Interessenkonflikts. Ich selbst plädiere allerdings dafür, zuerst einen gemeinsamen, konstruktiven Kompromiss zu finden. Diese letzte Option bleibt schließlich immer. Und ich will mir später nicht vorwerfen müssen, ich hätte es nicht wenigstens versucht. Davon abgesehen, dass dies die eigene Problemlösungskompetenz trainiert: Mit dem Bewusstsein, dass du letztlich immer kündigen kannst (auch ohne neuen Job), eröffnest du dir mehr Verhandlungsspielraum und kommst in eine stärkere (und gelassenere) Verhandlungsposition. Und damit sind wir schon bei der dritten Option ...

Change it

Zwischen den beiden Extremen – damit weiterleben oder verlassen – bleibt in den meisten Fällen ein moderater Mittelweg: eine gezielte Veränderung. Das ist allerdings oft auch der schwerste Weg, weil er nicht selten zuerst in einen offenen Konflikt, eine Aussprache und danach in einen Kompromiss führt. Er kann aber die beste Lösung sein. Auch wer diesen Weg wählt, sollte sich vorab ein paar Orientierungsfragen stellen:

- *Lässt sich meine Lage ändern?*
- *Will ich wirklich etwas daran ändern?*
- *Was muss sich verändern?*
- *Was stört mich genau?*
- *Wer oder was alles hat darauf Einfluss?*
- *Gibt es äußere Umstände, die sich ändern müssen – und lassen?*

- *Kann ich mich selbst verändern? Wie?*
- *Gibt es etwas, das ich lernen muss?*
- *Wie soll das spätere Ergebnis aussehen?*
- *Bis wann soll die Veränderung passieren?*
- *Wäre ich damit glücklich?*
- *Wie kann ich dieses Ziel erreichen?*
- *Kann mir jemand dabei helfen?*

Sicher, solche Lebensveränderungen passieren nicht über Nacht. Sie brauchen Zeit und Geduld. Davon solltest du dich aber nicht abschrecken lassen. Meist lohnt sich die Mühe und schwierige Zeit des Umbruchs. Und falls dir eine solche Veränderung schwerfällt, erinnere dich daran: Auch Nichtstun hat seinen Preis! Du bezahlst mit steigender Frustration und Unzufriedenheit – und letztlich verschwendest du kostbare Lebenszeit. Was ich (auch mit diesem Buch) vermeiden möchte, ist, dass du in 10, 20 oder 30 Jahren zurückblickst und dir wünschst, du hättest eher etwas getan und geändert. Falls du also noch nach einem Impuls suchst oder auf ein Zeichen wartest: Hier ist es!

Kennst du schon die sogenannte Lebenskurve? Dahinter steckt eine wunderbare Übung, um die bisherige berufliche Laufbahn zu visualisieren, zu bewerten und Muster zu erkennen. Viele wissen nicht, was sie brauchen oder wollen. Wie die Lebenskurve dir dabei helfen kann, zeige ich dir in diesem Bonus-Video:
https://karrierebibel.de/video/jobwechsel-lebenskurve/

Das Wichtigste in Kürze

- Jobwechsel sind etwas völlig Normales. Jedes Jahr wechseln rund neun Millionen Arbeitnehmer ihren Job. Berufliche Veränderungen sind heute kein Stigma oder Zeichen des Scheiterns mehr. Im Gegenteil: Strategisch genutzt und bewusst geplant, fördern sie sogar deine Karriere und finanzielle Entwicklung.
- In jedem Job durchlaufen wir sieben typische Phasen – den sogenannten Jobzyklus. Indem du herausfindest, in welcher Phase du dich gerade befindest, kannst du rechtzeitig den perfekten Zeitpunkt für einen Jobwechsel erkennen.
- Lass dich von Jobkrisen nicht verunsichern. In jeder Krise steckt eine Chance, die du als Sprungbrett nutzen kannst.
- Bist du wirklich offen für eine Neuorientierung? Das richtige Mindset ist bereits die halbe Strecke zum Erfolg. Hierfür wird allerdings nicht nur eine hohe Wechselbereitschaft benötigt, sondern ein regelrechter Veränderungswille.
- Ein Arbeitgeberwechsel gelingt in jedem Lebensabschnitt – auch noch mit über 50. Alter ist eine Ausrede, aber kein Grund. Vermeide unbedingt, in die Opferrolle zu schlüpfen. Mache dir vielmehr deine Vorzüge bewusst und spiele deine Trümpfe gezielt aus.
- Veränderungen im Leben sind unvermeidbar. Den Unterschied macht, wie wir unsere Lage bewerten und was wir anschließend daraus machen. Indem du dir die Psychologie hinter Veränderungen und

Jobwechseln bewusst machst, entlarvst du negative Glaubenssätze und überwindest klassische Selbstblockaden.
- Schließlich hast du immer drei Optionen: Du kannst dich mit der Situation arrangieren, du kannst sie ändern – oder, als letzte Lösung, einfach gehen.

Kapitel 2

JOBFRUST: ICH MUSS HIER WEG!

Die Suche nach dem Traumjob kann ein lebenslanges Unterfangen sein. Irgendwo gibt es immer einen Haken, es tauchen mehr Nachteile auf als anfangs gedacht und du fragst dich: Bin ich wirklich im richtigen Job?

Ich verstehe das, möchte aber zugleich den oft zitierten „Traumjob" endlich mal von seinem Sockel holen. Den allseits perfekten Job gibt es nicht. Arbeit heißt Arbeit, weil sie Arbeit macht. Und das macht eben nicht immer nur Spaß. Manchmal ist sie lästig, mal gibt es unterschiedliche Meinungen oder Eitelkeiten, mal steckt einfach nur der Wurm drin. In jedem Beruf gibt es gute und schlechte Tage. Die Bilanz muss stimmen: Grundsätzlich passen die Position und das Umfeld zu dir und deinen Talenten. Du fühlst dich wohl, kannst dich entwickeln und entfalten, wirst gefördert. Die Bezahlung ist fair und du erfährst auch an anderer Stelle Wertschätzung und Anerkennung für deine Arbeit.

Das alles passiert aber nicht an jedem Tag. Und manchmal gibt es auch Konflikte, Kritik oder Machtkämpfe. Das ist einfach so, wenn man mit unterschiedlichen Menschen zusammenarbeitet. Menschen sind so. Und bei manchen ist eben öfter Montag in der Woche als bei anderen. Indem manche aber ihre gesuchte Stelle zu einem Traumjob erhöhen, rückt dieser in immer unerreichbarere Ferne.

Einer meiner Mentoren hat immer gesagt: „Qualität kommt von ‚quälen'." Wenn du wirklich etwas erreichen willst, dann musst du dich auch manchmal durchbeißen, schlechte Tage aushalten, Hindernisse überwinden und das Beste aus allem machen. Das ist ganz genauso wie beim Schreiben dieses Buchs. Oder wie eine andere Mentorin sagte: „Schreiben zu müssen, ist die Hölle. Aber geschrieben zu haben, ist der Himmel." Nicht der Spaß, den wir von Anfang an hatten, ist der, der uns wirklich glücklich macht. Die größere Erfüllung liegt darin, Widerstände überwunden und den Erfolg buchstäblich „verdient" zu haben. Denn dann gehört er uns wirklich und ganz allein.

Bevor wir also so richtig in den konkreten Jobwechsel einsteigen, lass uns einen möglichst neutralen und objektiven Blick auf die bisherigen „schlechten Tage" oder den akuten Jobfrust werfen. Das bedeutet nicht, dass ich eine tiefgreifende Frustration am Arbeitsplatz nicht ernst nehme. Sie hat meist tiefere Auslöser. Auch hierbei möchte ich nur vermeiden, dass du aufgrund oberflächlicher Stimmungen vorschnell das Handtuch wirfst. Denn das wiederum könnte tatsächlich mal zum Problem im Lebenslauf werden und sogar deinen Marktwert senken.

Zu viele Jobwechsel bergen auch Gefahren. Vor allem Berufseinsteiger sollten dabei ein paar Subbotschaften beachten. Welche das sind und warum du nicht vorschnell alles hinschmeißen solltest, beschreibe ich in diesem Video: ***https://karrierebibel.de/video/job-kuendigen-sofort-hinschmeissen-hat-grosse-gefahren/***

Häufige Gründe für Jobfrust

Hinter dem Gedanken „Ich bin hier völlig falsch!" können unterschiedliche Auslöser stecken. Auf diese Faktoren reagiert jeder anders und auch in anderem Ausmaß: Der eine kann besser damit umgehen, die andere empfindet bereits nach kürzester Zeit großen Frust. Trotz der individuellen Situationen im Berufsleben zeigen Umfragen immer wieder dieselben Hauptgründe für Jobfrust und das nagende Gefühl, im falschen Job festzustecken. Auch diese Liste kann so eine Art Checkliste für dich sein: Was trifft alles auf dich zu? Wo erkennst du dich wieder?

Stress

Der regelmäßige Spitzenplatz bei den Frustgründen. Wird die Belastung immer größer, ist irgendwann die Schmerzgrenze überschritten. Dauerhafter Druck macht krank. Kurzfristig kann jeder mal eine Überforderung oder stressige Phase kompensieren. Wird die übermäßige Belastung aber zum „Normalzustand", sind sich Betroffene klar: Hier bin ich falsch, ich muss hier weg!

Erwartungshaltung

Leider stimmen Erwartungen und Realität nicht überein. Dir ist im Bewerbungsgespräch ein anderer Job versprochen worden, andere Aufgaben, spannendere Projekte ... mit deinem Alltag hat das aber nichts zu tun. Bei diesem Punkt müssen wir aber differenzieren: Schuld daran können wirklich falsche Versprechen oder zu wenige Informationen sein. Manchmal wird ein Berufsprofil in den eigenen Vorstellungen aber auch derart idealisiert, dass es der Realität nicht standhalten kann. Das sind dann die besagten Traumjobs bei Traumarbeitgebern auf überhöhten Podesten. Und die gibt es nicht.

Betriebsklima

Selbst der lockerste Job kann zur Last werden, wenn das Betriebsklima nicht stimmt. Häufiger Streit mit Kollegen, Intrigen am Arbeitsplatz oder ein Chef, der dich vielleicht sogar mobbt?! Das muss gar nicht mal von Anfang an so sein. Auch Arbeitgeber und Organisationen können sich verändern, wenn in kurzer Zeit viele Mitarbeiter und Führungskräfte wechseln. Der Personalaustausch kann einen Laden komplett umkrempeln – macht dann aber jede Arbeit zur Qual, die auf längere Sicht nicht auszuhalten ist. Leider ist gerade Mobbing in jüngster Zeit zu einem immer größeren Problem geworden. Studien gehen von mehr als zehn Prozent der Beschäftigten aus, die im Job gemobbt werden (Mehr Infos dazu findest du auf der Karrierebibel hier: https://karrierebibel.de/mobbing/).

Wertschätzung

Unabhängig von den Aufgaben oder dem Ausmaß der Arbeit: Fehlende Wertschätzung ist meiner Erfahrung nach der größte Grund für Frust und das Gefühl, im falschen Job zu stecken. Menschen können oft mehr Stress aushalten, wenn die Anerkennung stimmt. Auch nervige Kollegen lassen sich schon mal ignorieren. Aber niemand, der sich acht Stunden am Tag reinhängt, Extrameilen geht und sein Bestes für die Firma gibt, möchte dafür übersehen, übergangen oder gar missachtet werden. Mitarbeiter erwarten – völlig zu Recht – Respekt und Wertschätzung für ihre Leistungen. Spiegelt sich diese Haltung nicht in der Unternehmenskultur, ist nicht nur der Frust groß: Der Wechselwunsch ist mehr als legitim.

Vorsicht vor Eskapismus!

Je hilfloser sich Menschen in ihrer Situation fühlen, desto eher neigen sie zur Realitätsflucht. Dieser „Eskapismus" ist ein mentales Entkommen aus dem Alltag und Flüchten in eine bessere (meist digitale) Welt. Betroffene verbringen dann zum Beispiel stundenlang Zeit im Internet oder mit Computerspielen, schauen endlose Folgen von Serien oder starren den ganzen Tag in ihr Smartphone. Das Ziel: Ablenkung und Eintauchen in eine schöne Scheinwirklichkeit. Dahinter muss nicht nur berufliche Unzufriedenheit stehen. Auch private Sorgen können zu Eskapismus führen. Wenn du dieses Verhalten bei dir selbst beobachtest, solltest du das ernst nehmen – und hinterfragen. Der Versuch, dem beruflichen Alltag zu entkommen, zeigt deutlich, dass du eine Veränderung brauchst.

Warnzeichen, dass du deinem Arbeitgeber egal bist

Gerade weil Wertschätzung im Job so wichtig ist, möchte ich diesen Aspekt noch ein wenig vertiefen. Natürlich gibt es hierbei – wie immer – unterschiedliche Erwartungen, woran Arbeitnehmer festmachen, dass sie „ausreichend" für ihre Arbeit anerkannt werden. Den einen reicht dafür schon ein gelegentliches Schulterklopfen, andere möchten mehr umhegt werden und benötigen häufigere Streicheleinheiten für die Seele. Umgekehrt gibt es aber genauso Indizien oder besser gesagt Warnzeichen, dass Wertschätzung in deinem Laden nur ein Fremdwort ist und so gefeiert wird wie Elvis-Doubles auf einem abgelegenen Dorffest.

1. Du bekommst kein Feedback vom Chef

Wenn dein Arbeitgeber Interesse an dir und deiner Entwicklung hat, gibt er dir regelmäßig Feedback. Gar keine Rückmeldungen bedeuten indirekt: Es ist deinem Chef egal, ob du besser wirst oder nicht. Noch schlimmer: Er weiß vielleicht gar nicht, woran du gerade arbeitest und was deine Leistungen wert sind.

2. Deine Ideen werden ignoriert

Mitarbeiter wissen oft sehr genau, wo die wahren Schwierigkeiten in den Prozessen, Abläufen und Strukturen liegen. Der Input ist also eine wichtige Informationsquelle und Motor für den Fortschritt. Wird das ignoriert und will der Chef deine Meinung gar nicht hören, ist das nicht nur eine subtile Herabstufung – es ist auch ein Warnsignal, dass der Laden schon bald den Bach runtergeht.

3. Du bekommst wichtige Informationen nicht mit

Egal ob Termine verschoben werden oder ein Kunde noch einen kurzfristigen Änderungswunsch äußert: Wichtige Informationen sollten bei dir ankommen, damit du diese berücksichtigen kannst. Schlechte oder komplett fehlende Kommunikation ist ein deutliches Warnsignal. Der Chef hält dich nicht für wichtig genug oder vergisst, dass du überhaupt beteiligt bist.

4. Der Chef bezeichnet dich als austauschbar

Okay, direkter geht es nicht: Sagt der Chef, dass du im Unternehmen austauschbar bist, bist du ihm absolut egal und dein

Job könnte bereits in Gefahr sein. Besonders schlecht: Wenn der Chef nicht einmal bemerkt, dass du ein paar Tage krank oder weg warst. Scheinbar interessieren den Arbeitgeber weder deine Gesundheit noch deine Leistungen.

5. Du bekommst keine Hilfe

Du ertrinkst in Aufgaben, die Deadlines rücken näher und der Stapel deiner Dokumente auf dem Tisch nähert sich der Decke. Wenn du deinen Chef jetzt aber um Hilfe bittest, lautet die Antwort: „Streng dich mehr an und arbeite schneller!" Das zeugt nicht nur von einer inkompetenten Führungskraft. Es kündigt auch schon an: Dankbarkeit darfst du hinterher nicht erwarten, wenn du es trotzdem irgendwie schaffst.

6. Du bekommst keinen Termin beim Chef

Es kann viele Gründe für ein Mitarbeitergespräch geben: aktuelle Projekte, mehr Gehalt, nächste Karriereschritte. Wirst du dabei ständig abgewimmelt, solltest du die Subbotschaft wahrnehmen: Deinem Chef sind deine Anliegen egal und er nimmt sich keine Zeit dafür. Genau genommen heißt es sogar: „Ich hätte kein Problem damit, wenn du gehst."

7. Der Chef bevorzugt andere Mitarbeiter

Fairness im Job ist keine Selbstverständlichkeit. Und auch Chefs sind nur Menschen. Heißt: Es ist normal, dass sie spürbar Lieblinge im Team haben oder Kollegen, mit denen sie auch privat befreundet sind. Kommt aber Vetternwirtschaft ins Spiel und eine fachlich ungerechtfertigte Bevorzugung, ist das ebenfalls ein Warnzeichen: Du gehörst nicht zum inneren Kreis und tauchst auch nicht auf dem Radar des Vorgesetzten auf.

All diese Punkte fühlen sich nicht nur extrem unfair, hinterhältig und unprofessionell an. Sie sind es auch. Und ich finde, sobald mehr als ein Punkt davon regelmäßig (!) erfüllt ist, wird bereits eine rote Linie überschritten. Für so einen Arbeitgeber und Chef würde ich nicht arbeiten wollen. Für mich wäre es in diesen Fällen ganz sicher der falsche Job, und ich wäre raus.

Hast du schon innerlich gekündigt?

Diesen Schritt wagen aber nach wie vor viel zu wenige. Das traurige Schicksal vieler Arbeitnehmer in einem falschen Job ist die innere Kündigung. Diese Menschen haben sich damit abgefunden, dass ihre Arbeit keinen Spaß macht, keinerlei Perspektive mehr bietet oder gar eine (noch erträgliche) Belastung darstellt. Es folgen Resignation und das Herunterfahren des eigenen Engagements auf ein absolutes Minimum.

Vor einiger Zeit tauchte in dem Zusammenhang der neue Begriff „Quiet Quitting" auf – zu Deutsch: die stille Kündigung. Dabei machen Arbeitnehmer nur noch das, was sie machen müssen. Aber keinen Handschlag mehr. Bei diesem „Dienst nach Vorschrift", wie er kokett genannt wird, wird der Jobfrust zwar emotional bemerkt, die Probleme werden aber nicht angesprochen und es wird auch nicht versucht, etwas an der Situation zu ändern. Stattdessen verfallen Mitarbeiter in eine Art passiven Pessimismus, der auch nichts anderes ist als eine Opferhaltung.

Oft beginnt dadurch erst recht eine Abwärtsspirale, die irgendwann zur Kündigung durch den Arbeitgeber führt, dem durch das Verhalten des Angestellten kaum eine andere Wahl bleibt.

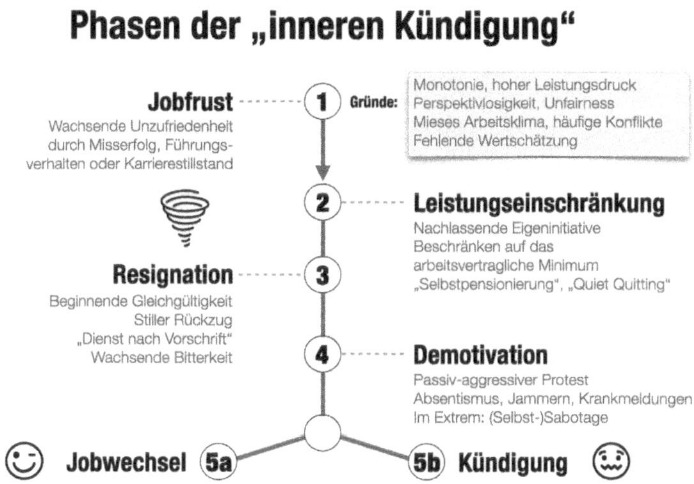

Anzeichen einer inneren Kündigung

Eine innere Kündigung bleibt nach außen hin lange unsichtbar. Es ist ein langsamer, aber stetiger Prozess, der meist durch negative Erfahrungen oder Konflikte am Arbeitsplatz ausgelöst wird. Dennoch gibt es ein paar typische Symptome, die gleichzeitig die jeweiligen Eskalationsstufen einer inneren Kündigung darstellen. Es beginnt mit Lustlosigkeit und schwindender Eigeninitiative. Danach folgen Passivität und Prokrastination: Immer mehr Aufgaben werden vor sich hergeschoben, weil Lust und Ideen fehlen. Und schließlich wird einem die eigene Arbeit gleichgültig. Betroffene beteiligen sich nicht mehr, die Produktivität nimmt spürbar ab und spätestens jetzt wird klar: Bei diesem Unternehmen gibt es keine Zukunft.

Ab diesem Zeitpunkt geht es nur noch bergab, und das Verhalten wird immer negativer. Die Abneigung gegenüber den Kollegen, dem Chef und dem gesamten Unternehmen nimmt zu. Auch verbal. Es kommt häufiger zu offener Kritik und lautstarkem Meckern. Die nächste Eskalationsstufe sind wachsende Fehlzeiten im Beruf. Dieser sogenannte Absentismus zeigt sich etwa durch regelmäßiges Zuspätkommen, überzogene Pausen oder häufige Krankmeldungen. Der Rückzug im Job und die Bitterkeit sind so ausgeprägt, dass selbst weitere Spannungen zum Chef oder zu den Kollegen durch die Abwesenheit in Kauf genommen werden.

In der letzten Stufe kommt es schließlich zu messbarer Minderleistung oder direkter Arbeitsverweigerung. Die innere Kündigung ist nun auch nach außen sichtbar. Da ist es aber meist schon zu spät: Der Prozess ist so weit fortgeschritten, dass er sich kaum noch aufhalten oder umkehren lässt. Aufgaben werden gar nicht mehr oder nur noch unzureichend bearbeitet, Deadlines verstreichen oder direkte Anweisungen vom Chef werden schlichtweg ignoriert. Es folgt, was folgen muss: Ermahnung, Abmahnung, Kündigung. Manche Mitarbeiter provozieren das sogar, damit der Chef in letzter Instanz das Arbeitsverhältnis beendet.

Auch auf die Gefahr hin, dass mich das jetzt Sympathien kostet: Ich finde ein solches Verhalten weder professionell noch emotional reif, geschweige denn intelligent. Echte Macher ducken sich nicht weg, sondern unternehmen etwas. Entweder suchen sie das Gespräch mit dem Chef und eine gemeinsame Lösung oder sie ziehen Konsequenzen und machen Nägel mit Köpfen. Aber wenn ich schon Gedanken und Energie darin investiere, bloß nicht mehr zu machen, als ich muss, oder mich im Internet über meinen miesen Job beklagen kann, dann habe ich diese Energiereserven ganz offenbar noch. Warum dann nicht gleich für eine konstruktive Lösung kanalisieren – intern oder extern?

Test zur inneren Kündigung

Aktuelle Studien liefern hierzu übrigens erschreckende Zahlen: Laut dem Gallup-Report zur Mitarbeiterbindung haben ganze 83 Prozent der Beschäftigten keine oder nur eine geringe emotionale Bindung zum eigenen Arbeitgeber. Die fehlende Identifikation kostet auch die Unternehmen Unsummen. Ich wünsche dir natürlich, dass es noch nicht so weit gekommen ist. Ich glaube auch nicht, dass du zu den Resignierern gehörst (sonst würdest du dieses Buch nicht lesen). Aber ich würde gern mit dem folgenden Selbsttest wieder herausfinden und ein Bewusstsein dafür schaffen wollen, an welchem Punkt du gerade stehst. Kreuze hierfür einfach an, welche der Aussagen auf dich und deine berufliche Situation zutreffen …

Aufgaben & Motivation

- ☐ *Ich schleppe mich montags ins Büro und warte auf das Wochenende.*
- ☐ *Ich komme morgens nur schwer aus dem Bett und will nicht zur Arbeit gehen.*
- ☐ *Meine Arbeitstage ziehen sich wie Kaugummi in die Länge.*
- ☐ *Bei jeder neuen Aufgabe stöhne ich innerlich auf und empfinde Unlust.*
- ☐ *Ob ich meine Arbeit gut mache, ist mir mittlerweile nicht mehr so wichtig.*
- ☐ *Ich habe kaum noch Ehrgeiz bei meinen Leistungen.*

- [ ] *Für Zusatzaufgaben melde ich mich nicht mehr freiwillig.*
- [ ] *Meine Arbeit macht mir schon lange keinen Spaß mehr.*

Chef & Kollegen

- [ ] *Meine Kollegen gehen mir jeden Tag auf die Nerven.*
- [ ] *Ich habe hier ausschließlich berufliche Kontakte.*
- [ ] *Gemeinsames Essen oder ein Feierabendbier interessieren mich nicht.*
- [ ] *Ich fühle mich nicht als Teil des Teams.*
- [ ] *Ich halte meinen Chef für inkompetent und für eine Niete.*
- [ ] *Ich habe das Gefühl, ungerecht behandelt zu werden.*
- [ ] *Meine Arbeit und Leistungen werden überhaupt nicht geschätzt.*
- [ ] *Ich kann mit meinem Chef nicht über meine Arbeit reden.*

Identifikation mit dem Unternehmen

- ☐ *Für mich gibt es in diesem Unternehmen keinerlei Perspektiven.*
- ☐ *Niemand im Job erkennt meine Talente und Fähigkeiten.*
- ☐ *Ich werde vom Chef nicht angemessen gefördert.*
- ☐ *Wenn ich von meiner Arbeit erzähle, spreche ich nie von „wir".*
- ☐ *Ich klage bei Freunden häufig über meinen Job.*
- ☐ *Ich würde meinen Arbeitgeber auf keinen Fall weiterempfehlen.*
- ☐ *Die Entwicklung der Firma trage ich weder mit, noch interessiert sie mich.*

Wünsche & Träume

- ☐ *Die Jobs meiner Freunde und Familie sind alle besser als meiner.*
- ☐ *Ich stelle mir häufig vor, in einem anderen Beruf zu arbeiten.*
- ☐ *Immer wieder frage ich mich: Will ich das wirklich bis zur Rente machen?*

- [ ] *Ich lese inzwischen öfter Stellenanzeigen, um mich umzusehen.*

- [ ] *Ursprünglich wollte ich beruflich etwas ganz anderes machen.*

- [ ] *Ich bin aktiv auf der Suche nach einem neuen Job.*

Testergebnis und Auswertung

Ein solcher Test kann natürlich nur Indizien liefern. Doch je mehr Kreuze du machen konntest, desto größer ist dein aktueller Jobfrust und das Ausmaß deiner inneren Kündigung. Hast du mindestens 15 und damit mehr als die Hälfte der Aussagen angekreuzt, bist du definitiv auf dem stillen Rückzug.

SCHON GEWUSST? Bullshit-Jobs schaden der Gesundheit

Besonders häufig ist die innere Kündigung in sogenannten Bullshit-Jobs. Der Begriff steht für Tätigkeiten, die als besonders sinnlos empfunden werden und keinerlei erkennbaren Nutzen und Mehrwert bieten. In einigen Studien verdichten sich die Hinweise, dass solche Bullshit-Jobs ernst zu nehmende Folgen haben: Betroffene leiden unter Schlaflosigkeit, erkranken öfter oder rutschen in eine tiefe Sinnkrise. In seltenen Fällen kann das in eine Depression führen.

Hinschmeißen oder durchhalten?

Nach so viel Frust-Analyse läuft es auf eine essenzielle Frage hinaus: „Soll ich gehen oder bleiben?" Der Schwebezustand zwischen Hinschmeißen und Durchhalten ist jedenfalls keine Option. Der zerreißt dich nur innerlich. Deshalb, daher und darum empfiehlt sich an dieser Stelle eine genaue Lagebestimmung. Für eine genaue Analyse und die bestmögliche Entscheidungsgrundlage solltest du hier gleich ein paar nützliche Orientierungsfragen beantworten. Die Erkenntnisse daraus helfen dir, deine aktuelle berufliche Situation besser zu bewerten und eine fundierte und wohlüberlegte Entscheidung zu treffen. Ein Jobwechsel aus dem Affekt heraus ist jedenfalls keine gute Idee. Mache dir zu den folgenden Fragen bitte ein paar kurze schriftliche Notizen im Buch. So kannst du hinterher deine wichtigsten Entscheidungskriterien auf einen Blick sehen und gegeneinander abwägen.

Was alles macht den Job mies?

Vielleicht kannst du die Frage mit einer Myriade Worten beantworten. Schreibe trotzdem nur die wichtigsten davon in Ruhe auf. Das befreit schon mal. Dann streichst du alles Akute und konzentrierst dich nur auf jene Punkte, die schon eine ganze Weile in dir brodeln – also chronisch den Job vermiesen. Schlechte Tage kommen und gehen. Entscheidender sind Faktoren, die dir in Zukunft im Weg stehen und langfristige Probleme auslösen:

Was macht dir am Job noch immer Spaß?

Zu einer ehrlichen und fairen Bestandsaufnahme gehört, dass du den Frustfaktoren die guten Seiten gegenüberstellst. Wo es Schatten gibt, muss es zwangsläufig Licht geben. Jeder Job hat auch positive Facetten. Suche diese gezielt, statt alles nur schlecht zu sehen. Sie können ein guter Grund dafür sein, durchzuhalten – oder sie sind ein Wegweiser bei der späteren beruflichen Veränderung:

____

____

____

Wie und wann hat sich der Job negativ verändert?

Anfangs müssen die positiven Seiten überwogen haben, sonst hättest du die Stelle gar nicht erst angenommen. Heute ist das anders. Untersuche daher mal, wann und warum das Ganze gekippt ist: Haben sich die Rahmenbedingungen verändert – im Unternehmen oder im Privatleben? Hast du dich selbst verändert oder weiterentwickelt? Kannst du einen genauen Zeitpunkt oder ein spezielles Ereignis ausmachen? Vielleicht ging es mit der Besetzung einer neuen Führungskraft bergab. Damit verbunden ist die Frage: Lässt sich das umkehren oder ist es zeitlich begrenzt? Dann hättest du für das Durchhalten wieder eine Perspektive:

____

____

____

Was davon ist deine Schuld oder dein Versäumnis?

Die Frage ist die schwerste von allen, aber unverzichtbar: Sei jetzt bitte ehrlich zu dir selbst, denn diesen Hebel kannst du auch wieder umlegen und deine Lage damit korrigieren. Selbst wenn du später doch die Option „Kündigung“ wählst, ist es erforderlich, eigene Versäumnisse zu erkennen, damit sie sich im nächsten Job nicht wiederholen. Sonst findest du nie aus der Abwärtsspirale heraus und wechselst nur den Frustort. Was also hast du bisher falsch gemacht und was kannst du besser machen?

____

____

____

Welche Rolle spielt der Job für dich?

Der Job mag mies sein, aber hat er auch den Stellenwert, um dein Leben zu bestimmen? Manchmal ist es wichtig, diese Frage zu stellen, um die Dinge wieder geradezurücken und ihnen die Priorität zu geben, die sie verdienen. Womöglich ist es nur ein Job – und Familie, Freunde und Hobbys sind für dich viel wichtiger. Du kannst dir dazu noch die folgenden Anschlussfragen stellen und beantworten: Warum ist mir dieser Job so wichtig? Welchen Job würde ich mir selbst geben?

____

____

____

Was spricht für das Durchhalten und Ausharren?
Auch wenn eine Flucht verlockend scheint: Durchzuhalten kann klüger sein – zumindest zeitlich begrenzt. Zum Beispiel, weil es sich im Lebenslauf besser macht, wenn du nicht schon den dritten Job in der Probezeit hinschmeißt oder weil sich manche Dinge im Rückblick als lehrreich und weiterführend erweisen. Oft sehen wir erst mit genügend Abstand, dass der temporäre Frust nötig war, um uns in die richtige Richtung oder auf unseren Weg zurückzulenken:

____

____

____

Was wird besser, wenn du wechselst?
Hinschmeißen ist ein kurzfristiger Ausweg, aber noch keine langfristige Lösung. Im Anschluss muss es weitergehen. Überlege dir deshalb, welche Verbesserungen ganz sicher mit einem Jobwechsel verbunden wären. Aber Achtung: Reines Wunschdenken bringt hier nichts. Es braucht konkrete Punkte und klare Ziele, die du beim Wechsel und neuen Arbeitgeber wirklich umsetzen kannst!

____

____

____

Gute und schlechte Gründe für den Wechsel

In deinem Buch oder auf einem Extra-Zettel stehen nun ein paar Pro- und Contra-Argumente für den aktuellen Job. Wenn du magst, kannst du dieses erste Brainstorming noch in eine zweispaltige Plus-Minus-Liste übertragen und dabei gleich etwas sortieren beziehungsweise gewichten. Ich empfehle diesen Schritt, weil es so einfach noch klarer und übersichtlicher wird.

Zu diesen sehr individuellen und persönlichen Beweggründen für dich möchte ich noch einige generelle Wechselmotive für eine berufliche Neuorientierung ergänzen. Diese können den jeweiligen Schritt nicht nur rechtfertigen (und später in der Bewerbung helfen, ihn zu begründen), sondern sogar notwendig machen. Auf der anderen Seite machen leider einige Arbeitnehmer den Fehler, aus schlechten und absolut falschen Gründen zu kündigen und das Unternehmen zu wechseln. Mit problematischen Folgen: Die Veränderung bringt nicht die gewünschten Verbesserungen und der Lebenslauf bekommt eine Delle oder Lücke.

Die Schwierigkeit besteht darin, zwischen persönlichen sowie grundsätzlich guten und schlechten Gründen zu unterscheiden und abzuwägen. Denn auch falsche Wechselmotive fühlen sich oft zunächst nach wahren Gründen für eine sofortige Kündigung an, sind es aber nicht. Zur Verdeutlichung findest du im Folgenden eine Gegenüberstellung der wirklich guten sowie schlechten Gründe für einen Jobwechsel.

Gute Gründe für einen Jobwechsel

- **Gesundheit**
  Es gibt Jobs, die machen krank: Permastress, eine vergiftete Arbeitsatmosphäre, mobbende Kollegen oder auch Aufgaben, die körperlich so belasten, dass auf lange Sicht gesundheitliche Schäden drohen. Das kannst und solltest du nicht ertragen. Die eigene Gesundheit ist IMMER wichtiger als ein Job und ein guter Grund für den Wechsel.

- **Ansprüche**
  Hohe Ansprüche – auch an sich selbst – können die Leistung steigern. Einige Arbeitgeber stellen jedoch unrealistische Erwartungen, die du schlicht nicht erfüllen kannst. Egal was du tust, wie gut deine Ergebnisse sind und wie sehr du dich ins Zeug legst, der Chef ist nicht zufriedenzustellen. In der Situation kann ein Wechsel sinnvoll sein, weil die unerreichbaren Anforderungen frustrieren und deinem beruflichen Aufstieg im Weg stehen.

- **Stillstand**
  Stillstand in jeglicher Hinsicht ist ein guter Grund für den Jobwechsel. Es gibt keine Karriereperspektiven? Du stagnierst in deiner Entwicklung – bei Aufgaben, Verantwortungen oder auch dem Gehalt? Oder das gesamte Unternehmen entwickelt sich nicht mehr weiter? Geh besser, bevor das Schiff sinkt.

- **Unsicherheit**
  Vollkommene Jobsicherheit gibt es nirgendwo. Märkte und Branchen entwickeln sich zu schnell – Krisen kön-

nen plötzlich auftreten und das Unternehmen in wirtschaftliche Schieflage bringen. Du solltest aber nicht in Dauerangst um deine berufliche Existenz leben. Schwebt das Damoklesschwert einer Insolvenz des Arbeitgebers oder betriebsbedingter Kündigungen ständig über dem Unternehmen, ist ein Wechsel ratsam.

- **Vetternwirtschaft**
  Bei manchen Arbeitgebern oder Familienbetrieben läuft es ausschließlich über Beziehungen. Der Chef hat ein enges Netz von Vertrauten um sich, die den Laden schmeißen und unter denen Verantwortungen, Beförderungen und Projekte verteilt werden. Solche Günstlingswirtschaft ist für Außenstehende ein großes Problem. Entweder du bist Teil dieses engen Kreises und profitierst – oder du hast keine Chance und solltest dir besser etwas anderes suchen.

Schlechte Gründe für einen Jobwechsel

- **Ärger**
  Gemeint sind kurze Phasen der Frustration, ein paar schlechte Tage oder auch etwas länger anhaltender Unmut. Das sind noch keine Gründe, gleich die Flinte ins Korn zu werfen. Ähnliches wirst du in jedem Job – auch woanders – mit großer Wahrscheinlichkeit erleben. Erst chronischer und anhaltender Ärger kann ein Wechselgrund sein.

- **Kritik**
  Der Chef war unzufrieden mit der Leistung und hat dich dafür offen und direkt kritisiert? Nicht der beste

Führungsstil. Aber auch kein Anlass zu einem sofortigen Jobwechsel. Nutze die Kritik zur Selbstreflexion, um herauszufinden, was du besser machen kannst und wo die Prioritäten für deinen Vorgesetzten liegen. Anders ist es bei persönlichen Angriffen oder gar regelmäßigen Beleidigungen vom Chef. In einem solchen Umfeld solltest du nicht bleiben.

- **Scham**
  Du hast etwas so richtig vermasselt, eine Aufgabe verbockt oder ein Projekt komplett in den Sand gesetzt. Keine angenehme Situation, und der Chef ist zu Recht nicht begeistert, weil solche Fehler extrem teuer werden können. Trotzdem ist das ein schlechter Grund, zu wechseln: Du kannst nicht jedes Mal auf Jobsuche gehen, wenn du dich schämst. Übernimm die Verantwortung, versuche eine Lösung zu erarbeiten und lerne für die Zukunft daraus.

- **Geld**
  Jeder möchte mehr verdienen. Und das Gehalt ist häufig auch ein großer Treiber für einen Jobwechsel. Aber nur Geld sollte nicht der Grund sein. Ein mieser Job wird ja durch eine höhere Bezahlung nicht besser. Und du wirst nicht glücklicher, wenn du nur aus finanziellen Gründen gehst. Die Aufgaben und das Umfeld müssen stimmen – das Gehaltsplus ist dann ein nettes Extra.

- **Langeweile**
  Langeweile im Job gehört ebenfalls zu den häufig genannten Wechselmotiven. Und es stimmt zum Teil auch: Fehlen die Herausforderungen und droht (geis-

tiger) Stillstand, kann ein Arbeitgeberwechsel eine Lösung sein. Oft wird dabei aber auch vom sogenannten Bore-out gesprochen – der psychischen Belastung durch dauerhafte Langeweile und Unterforderung im Job. Ich finde, das ist kein wirklicher Grund, sondern zunächst nur eine Ausrede. Wer Langeweile hat, hat offensichtlich zu viel Zeit und könnte den Leerlauf jederzeit nutzen, um beispielsweise eigene Projekte anzustoßen oder privat an seiner Entwicklung durch Fortbildungen oder Webinare zu arbeiten. Erst wenn die Langeweile erzwungen wird, also eine Art Mobbing ist, kann das tatsächlich krank machen. Dann ist es natürlich wieder ein mehr als veritabler Grund für einen Jobwechsel.

Reicht schon ein Tapetenwechsel?

Gegen den akuten Jobfrust kann auch ein kurzfristiger Tapetenwechsel helfen. Das kann der besagte Jobwechsel zu einem anderen Arbeitgeber sein. Zuvor können aber auch andere Veränderungen die Chance auf einen Neuanfang oder mehr Spaß im Job bieten. Im Grunde bedeutet ein Tapetenwechsel vor allem eines: raus aus dem Altbekannten, der gewohnten Umgebung und der Routine! Dieses Kapitel möchte ich daher mit ein paar Anregungen schließen, wie du schon durch kleinere Anpassungen in deinem Umfeld eine große Wirkung erzielen kannst.

Du kannst zum Beispiel deine Wohnung neu einrichten, deinen Jahresurlaub auf mehrere Kurztrips im Jahr aufteilen oder deinen Arbeitsplatz umgestalten. Hauptsache, es kommt frischer Wind in dein Leben. Fällt dir noch mehr ein? Schreib es auf!

Ein solcher Tapetenwechsel kann erstaunliche Auswirkungen haben – selbst wenn gar kein direkter Zusammenhang zwischen den Veränderungen und deiner beruflichen Situation besteht. Wie heißt es so schön: Neue Aussichten schaffen neue Einsichten! Und mit der neuen Sicht eröffnen sich praktisch immer auch neue Blickwinkel für den Beruf. Und bringen selbst diese Mini-Inspirationen partout keinerlei Besserung, bleibt dir in letzter Instanz immer noch die Kündigung und der Neubeginn in einem anderen Job.

Das Wichtigste in Kürze

- Kein Job ist perfekt, und DEN Traumjob gibt es nicht. Entscheidend ist, ob der aktuelle Jobfrust nur kurzfristig oder schon chronisch ist. Teilweise ist die Frustration sogar hausgemacht und hat ihre Ursachen in unrealistischen Erwartungen. Diese gilt es dann zuerst zu korrigieren.
- Leider suchen viele Arbeitnehmer bei anhaltender Frustration nicht aktiv nach einem Ausweg, sondern flüchten in die innere Kündigung – mit dramatischen Folgen. Der stille Rückzug läutet oft eine Abwärtsspirale ein, die bis zur Selbstsabotage

reichen kann und schließlich eine Kündigung vom Arbeitgeber auslöst.

- Hinschmeißen und den Job wechseln muss nicht zwangsläufig die beste Option sein. Manchmal ist es ratsamer, erst noch durchzuhalten und an einer förderlichen Lösung zu arbeiten. Statt voreilig zu gehen, solltest du unbedingt deine Wechselgründe hinterfragen, analysieren und bewerten. Das bewahrt dich vor voreiligen Kurzschlüssen und einer Kündigung im Affekt.
- Manchmal reichen schon kleine Veränderungen im Alltag, um ganz neue Perspektiven zu gewinnen – selbst dann, wenn diese nichts mit dem Job zu tun haben. Bevor du konkrete Pläne für den Jobwechsel schmiedest, versuche es doch mal mit einem Tapetenwechsel – buchstäblich oder in Form eines Kurzurlaubs.

Kapitel 3

WEICHEN STELLEN: WELCHER JOB PASST ZU MIR?

Wenn du bis hierhin gelesen, alle Tests absolviert und Wechselmotive analysiert hast und trotzdem zum Ergebnis kommst, dass dein jetziger Job nicht deine berufliche Zukunft ist, dann lass uns die Weichen auf Wechsel stellen. Dein Frust sitzt einfach zu tief, die Probleme sind zu groß und selbst mit viel gutem Willen und Geduld lassen sich keine Lösungen oder Verbesserungen erzielen. Dein Entschluss entspricht dem Buchtitel: Ein Jobwechsel muss her – jetzt!

Viel zu oft erlebe ich in den Kommentaren auf unserer Facebook-, Instagram-, Youtube- oder TikTok-Seite, dass die Menschen lediglich Lebensfrust ventilieren, aber nichts ändern. Statt mitzujammern und dich der Unzufriedenheit zu ergeben, hast du aber beschlossen, zu handeln und deinen Weg selbst zu gestalten. Klasse! Gewinner denken und handeln so. Und umso mehr freue ich mich, einen solchen Macher oder echte Macherin unterstützen und auf diesem Weg begleiten zu dürfen.

Am besten behandelst du deinen Wechsel ab sofort wie ein Projekt, das du von nun an managst und das deine oberste Priorität bekommt. Warte also nicht darauf, dass sich irgendwo irgendwelche Chancen von allein auftun oder dir jemand den Top-Job vor die Füße legt. Eine berufliche Neuorientierung ist vor allem DEINE Aufgabe – mit allem, was dazugehört. Es gibt dazu viele Ratschläge und Informationen im Netz und auch Hilfsangebote von Newplacement-Beratern oder Karrierecoaches. Alles nicht verkehrt, doch der Erfolg hängt letztlich immer von deinem eigenen Engagement ab.

Von wo aus starte ich?

Um einen neuen Kurs zu setzen, um überhaupt navigieren zu können und eine Route zu berechnen, benötigst du immer zwei Koordinaten: einen Ausgangspunkt und ein Ziel. Wir beginnen dieses Kapitel daher erst einmal mit dem Ausgangspunkt. Die Frage „Was ist der richtige Job für mich?" ist schließlich deutlich komplexer, als sie klingt. Bevor der nächste, etwas ausführlichere Selbsttest kommt, lade ich dich zu einer kurzen optischen Übung ein. Mithilfe der folgenden Grafik kannst du eine schnelle Standortanalyse für dich durchführen, indem du die acht Fragen beantwortest und auf dem runden Koordinatensystem einen Wert zuweist: 7 steht für „trifft voll zu", 1 steht für „trifft überhaupt nicht zu". Wenn du alle acht Punkte gesetzt hast, verbindest du sie miteinander, sodass eine Art Spinnennetz entsteht. Das Ergebnis kann dann als Kompass für deine spätere Jobsuche dienen: Dort, wo die Linien noch eng am Mittelpunkt verlaufen, besteht deutliches Ausbaupotenzial; liegen sie schon weit außen, bist du grundsätzlich auf der richtigen Spur – das Umfeld stimmt vielleicht nur noch nicht.

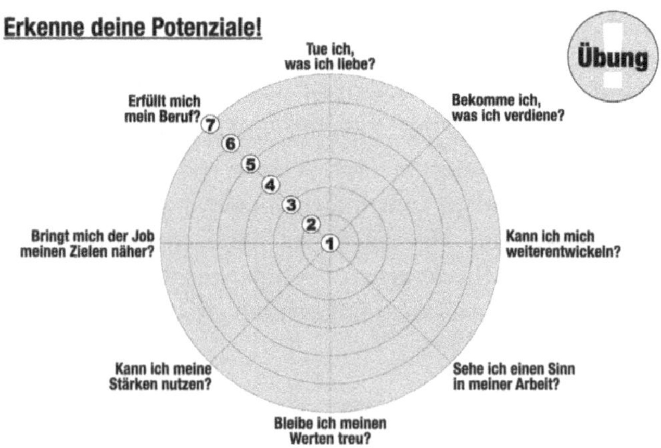

Wie versprochen folgt nun der ausführlichere Selbsttest, ebenfalls zum Mitmachen und Mitschreiben. Auch hierbei geht es im Wesentlichen um ehrliche Selbstreflexion sowie zehn Fragen, die du für dich gleich wieder im Buch beantworten kannst. Dazu gibt es ein paar Leerzeilen für Notizen.

Das ist übrigens kein Layout-Gag. Ich empfehle ernsthaft, dass du all diese Tests und Felder dazu nutzt, deine ersten, spontanen Gedanken dazu zu notieren. Stichworte reichen völlig. So wird dieses Buch zu deinem persönlichen Workbook und Nachschlagewerk. Du kannst deine Antworten später immer wieder objektiv analysieren, einordnen und deine Wahrnehmung womöglich an der einen oder anderen Stelle korrigieren. Kurz: Solche Mitmachtests erzeugen mehr Klarheit über die eigenen Ziele, Werte und Auswahlkriterien.

1. Möchtest du deinen aktuellen Job noch jahrelang machen?

Klar, kein Job muss für die Ewigkeit sein. Aber einen Beruf zu wählen, von dem du schon jetzt weißt: „Das ist es nicht!“, wäre ziemlich sinnlos und nur ein unnötiger Umweg. Die erste Frage ist also eine Grundsatzfrage zu deiner Berufswahl: Kannst du dir vorstellen, diesen Beruf in den nächsten 10 oder 20 Jahren auszuüben? Gibt er das her? Freust du dich darauf, deine Karriere darin zu gestalten, Herausforderungen zu meistern und dich in die eine oder andere (Fach-)Richtung zu entwickeln oder zu spezialisieren? Falls ja, was sind deine beruflichen Ziele? Was reizt dich, was willst du in den nächsten Jahren dort erreichen?

2. Welchen Sinn siehst du in deiner Arbeit?

In einem Job, der uns langfristig glücklich macht, sehen wir immer einen Sinn. Die Tätigkeit, egal wie bedeutsam im Betrieb, dient einem höheren Ziel, das für dich einen Wert hat. Das kann völlig unterschiedlich sein und muss auch nicht zwingend zur Rettung der Welt beitragen. Metzger zum Beispiel sind bei Veganern nicht allzu beliebt, sie können für sich aber definieren: „Wenn schon ein Tier sterben muss, dann möchte ich alles davon hochwertig und nachhaltig verarbeiten, sodass das Fleisch wirklich seinen Wert hat." Die Sinnfrage ist auch deshalb so wichtig, weil sie dir über stressige und frustrierende Phasen im Job hinweghilft: Er macht vielleicht akut keinen Spaß, trotzdem leistest du einen wichtigen Beitrag für einen sinnvollen Zweck, mit dem du dich persönlich identifizieren kannst. Also Hand aufs Herz: Welchen Sinn hat dein aktueller Job? Oder: Welchen Sinn verbindest du mit deinem Wunschjob? Warum wählst du ihn?

3. Kannst und willst du dich weiterentwickeln?

Karriere ist kein Sprint, sondern ein Marathon. Entwicklungen, Weiterbildungen, neue Aufgaben und veränderte Verantwortungen gehören unbedingt dazu. 40 Jahre lang auf der Stelle zu treten, ist ja auch keine wirkliche Option, oder?! Wenn du dir eine solche Entwicklung und den zugehörigen Prozess in deinem Job aber so gar nicht vorstellen kannst, bist du möglicherweise im falschen Beruf. Daran gekoppelt ist die Frage: Wärst du auch bereit dafür, in dich selbst zu investieren – also auch dann, wenn dir dein Arbeitgeber nicht von sich aus solche Fortbildungen anbietet? Es ist die Frage nach deiner intrinsischen Motivation. Denn nur in einem echten Traumjob wollen wir von uns selbst aus weiterkommen. Egal ob uns das Unternehmen fördert oder nicht. Die Antwort kann dir dann auch zeigen, ob du vielleicht schon im richtigen Job, dafür aber beim falschen Arbeitgeber steckst. Daher: Wohin kannst und willst du dich in diesem Job weiterentwickeln?

____

____

____

4. Erfüllt der Beruf deine Erwartungen?

Wie gesagt: Den perfekten Job gibt es nicht. Der richtige Beruf sollte trotzdem alle wichtigen Erwartungen erfüllen. Das umfasst das Tätigkeitsfeld, das zu deinen Vorstellungen und Stärken passen muss. Ebenso das zwischenmenschliche Umfeld und die Entwicklungsperspektiven. Zu dieser Frage gehören selbst so praktische Dinge wie: Wünschst du dir flexible Arbeitszeiten? Wie oft möchtest du im Homeoffice arbeiten? Wie wichtig ist dir die Vereinbarkeit von Familie und Beruf? Mach dir an der Stelle bewusst, was für dich generell relevante Auswahlkriterien sind. Am besten machst du dir erst eine Liste mit deinen wichtigsten Erwartungen und hakst anschließend ab, welche davon im aktuellen oder angestrebten Job erfüllt sind. Idealerweise priorisierst du diese Liste später noch mal auf einem eigenen DIN-A4-Blatt – von verhandelbar bis hin zu absolut notwendig. Was also sind deine Erwartungen an einen Traumjob?

___

___

___

5. Entspricht dein Beruf deiner Leidenschaft?

Bei dieser Frage geht es um dein WARUM: Warum willst du diesen Beruf ausüben? Was treibt dich an? Was macht dich daran so glücklich? Der richtige Job fühlt sich deshalb so gut an, weil er unserer Leidenschaft entspricht. Wir „brennen" sprichwörtlich dafür und sind maximal begeistert, wenn wir anderen davon erzählen. Das hat sicher auch etwas damit zu tun, dass wir einen Sinn darin sehen (siehe Frage 2). Aber das innere Feuer dafür wäre auch so da.

Menschen, die beispielsweise im Tourismus arbeiten, haben einfach wahnsinnig viel Spaß am Reisen, an fremden Kulturen und Abwechslung im Job. Kurz: Der Job ist mehr als ein Broterwerb. Ohne Leidenschaft ist dagegen jede Tätigkeit nur ein stumpfes Abarbeiten von Aufgaben und Absitzen von Zeit bis zum Feierabend. Kein Spaß, kein Leistungswille, keine Liebe zum eigenen Beruf. Also: Was sind deine tiefen Leidenschaften und welche davon kannst du in deinem Beruf ausleben?

___

___

___

6. Bietet dir die Arbeit die nötige Herausforderung?

Langeweile ist Gift für jede Form von Motivation oder Leidenschaft. Da sind wir uns einig?! Ein Beruf, in dem du nach zwei, drei Jahren alles aus dem Effeff beherrschst und locker eine Gehirnhälfte abschalten kannst, während die andere tumb vor sich hin wurschtelt, dürfte dich kaum erfüllen. Ständige Unterforderung ist genauso gefährlich wie permanente Überforderung. Damit ein Job dauerhaft passt, sollte er dich von Zeit zu Zeit herausfordern. Für derlei Abwechslung braucht es nicht zwingend schwierige Aufgaben oder knifflige Probleme. Hauptsache, du spürst, dass du dazulernst und über dich hinauswächst. Sonst geht der intrinsische Ansporn irgendwann verloren. Wenn du magst, können wir die Frage auch zweiteilen: Bietet dir dein jetziger Job genug Herausforderungen? Und: Welche neuen Herausforderungen suchst du?

---

7. Was erzählst du anderen über deinen Job?

Diese Frage ist wieder vergleichsweise simpel, verrät dir aber viel darüber, ob du im richtigen Job angekommen bist. Wie reagierst du beispielsweise darauf, wenn dich Freunde fragen, wie es gerade so im Job läuft? Variante 1: Du blühst auf, kommst ins Schwärmen und erzählst von den spannenden Projekten und den inspirierenden Menschen, die dich beschäftigen. Oder Variante 2: „Läuft. Und bei dir so?" Du ahnst natürlich, worauf das hinausläuft. Aber machen wir es für diesen Selbsttest etwas komplexer: Was würden deine Freunde, dein Partner oder deine Familie sagen, welcher Job zu dir passt – und warum? Die zusätzliche Perspektive von außen kann eine wichtige Ergänzung zum eigenen Standpunkt sein.

---

8. Stimmt die Arbeitsatmosphäre?

In der Regel verbringst du fünf Tage in der Woche mindestens acht Stunden am Tag mit deinen Kollegen und deinem Chef. Das ist oft mehr Zeit, als wir mit unserem Partner verbringen. Da sollte die allgemeine Atmosphäre mindestens so motivierend, inspirierend und bestärkend sein wie in einer guten Ehe. War das bisher so – oder gerade mal so erträglich? Bitte nicht falsch verstehen: Du musst auf der Arbeit weder innige Freundschaften zu allen Mitarbeitern pflegen noch deinen Chef lieben. Aber du musst dich in dem Umfeld wohlfühlen. Kannst du das aktuell – und: Was gehört für dich in Zukunft zwingend dazu, damit du dich wohlfühlst?

____

____

____

9. Welche anderen Berufe findest du toll?

Es gibt mehr spannende und interessante Berufe, als die meisten Menschen kennen. Und genau das ist das Problem: Was wir nicht kennen, können wir nicht wählen. Deshalb an dieser Stelle auch noch ein eindringlicher Appell: Schau über den Tellerrand, suche nach Jobprofilen oder Stellenangeboten für Jobs, die dir noch völlig unbekannt sind! Ansonsten überlege, welche anderen Berufe dich interessieren oder welche du schon in deiner Kindheit spannend fandst – und warum. Oder gab es mal einen magi-

schen Moment in deinen bisherigen Jobs, in dem du dachtest: „Wow! Das würde ich gern immer machen!"? Diese Fragen sind Türöffner zu deinem Unterbewusstsein. Sie verschaffen dir einen Zugang zu dir selbst und zu deinen verborgenen Wünschen. Zapfe diese Quelle an und schreib jetzt zum Beispiel auf: Wenn du die freie Wahl zwischen deinem jetzigen Job und einer beliebigen anderen Tätigkeit hättest – wofür würdest du dich entscheiden?

____

____

____

10. Würdest du nach einem Lottogewinn weiterarbeiten?

Zum Schluss noch ein letztes Gedankenspiel: Würdest du in deinem Job weiterarbeiten, wenn Geld keine Rolle spielen würde? Angenommen, du gewinnst morgen im Lotto – Jackpot! Zehn Millionen Cash, steuerfrei. Knallst du dem Chef sofort die Kündigung auf den Tisch? Worauf ich hinauswill: Den richtigen Job machst du nicht nur wegen der Bezahlung. Du gehst jeden Tag zur Arbeit, weil sie dich erfüllt, weil dir die Arbeit einfach Spaß macht und dich die Aufgaben fordern. Wer einzig und allein das Geld sieht, ist im falschen Job. Wenn also Geld überhaupt keine Rolle spielen würde: Welchen Job würdest du dann machen wollen – egal wie abwegig?!

Glückwunsch! Du hast alle zehn Fragen beantwortet und spontan notiert, was dir in deinem jetzigen oder künftigen Job wichtig ist und ob es schon der passende Beruf ist. Tatsächlich hast du dabei aber noch mehr geschaffen: Ganz nebenbei ist ein Jobprofil entstanden, das deinen wahren „Traumjob“ wesentlich plastischer und konkreter werden lässt. Deine Aufgabe ist jetzt, bitte noch mal all diese Notizen im Buch auf eine neue DIN-A4-Seite zu übertragen, zu sortieren und das Berufsprofil zu schärfen: Was ist dein Ausgangspunkt? Von wo aus startest du und was sind deine Leidenschaften und Talente, die du ausleben willst? Welchen Sinn siehst du darin? Welche Herausforderungen suchst du? Und wohin möchtest du dich langfristig beruflich entwickeln – fachlich, hierarchisch, geografisch? Wie muss das Umfeld beschaffen sein, damit du glücklich wirst, und welche Voraussetzungen muss das richtige Jobangebot zwingend erfüllen (und welche sind für dich noch verhandelbar)?

Okay, vielleicht werden das auch zwei oder drei DIN-A4-Seiten werden. Aber indem du diesen Steckbrief zusammenstellst und genau ausformulierst, entwickelst du ein ziemlich präzises Auswahlraster, an dem du dich bei deiner späteren Jobsuche und Jobwahl orientieren kannst. So kommst du nicht mehr vom Regen in die Traufe, weil du jetzt viel genauer weißt, was du brauchst und willst. Viele Lebens-, Job- und Karrierecoaches haben mir immer wieder bestätigt: Sobald diese Klarheit gewonnen ist, wird ein erfolgreicher Jobwechsel viel einfacher und gelingt auch schneller.

Wohin will ich?

Die zweite Koordinate, die dein Job-Navi braucht, ist das genaue Ziel. Im obigen Test waren dazu schon ein paar Fragen und Antworten dabei. Mit denen im Hinterkopf steigen wir jetzt noch tiefer ein: Mit jedem Jobwechsel sind Hoffnungen und Erwartungen verbunden. Wichtiger ist an dieser Stelle, dass du für dich herausfindest, WOHIN du dich langfristig, sagen wir in den nächsten zehn Berufsjahren, entwickeln willst: Strebst du eher eine Fachkarriere oder eine Führungskarriere an? Ist dein Ziel, möglichst schnell finanziell unabhängig zu werden? Oder willst du ein gutes Leben führen können, jedoch bei maximaler Freizeit? Geht es dir eher darum, deine Kreativität auszuleben, oder um mehr Macht und Einfluss? Bist du eher der fürsorgliche Typ, der mit Menschen arbeiten will, oder sind Analysen und Strategien mehr dein Ding?

All diese Fragen sind enorm wichtig, weil sich die passenden Jobs dazu teilweise gegenseitig ausschließen. Einen schnellen Weg zu Reichtum und finanzieller Freiheit bei maximaler Freizeit gibt es nämlich nicht (auch wenn den manche Bauernfänger im Internet versprechen). Ebenso zählen bei einer Fachkarriere eher die Hard Skills, während es für eine Führungskarriere mehr auf die Soft Skills ankommt. Der Job ist einfach ein anderer, ob man Menschen führt und fördert oder Produkte entwickelt. Und entsprechend wählst du dann auch die Berufsprofile oder Weiterbildungen aus, die dich deinem Ziel näherbringen.

Vielleicht ist auch ein völlig anderer Beruf als heute, ein umfassender Neuanfang in einem ganz anderen Bereich für dich dran, weil die anfangs eingeschlagene Karriere überhaupt nicht mehr zu deinen heutigen Vorstellungen passt. Genauso kann es eine ähnliche Tätigkeit in einem anderen Umfeld werden. Oder es sind einzelne Faktoren, die du gern verbessern möchtest: Gehalt, flexible Arbeitszeiten, internationale Ausrichtung ... Über all diese Punkte solltest du gründlich nachdenken. Sie geben deinem neuen beruflichen Weg eine grundlegende Richtung. Das ist nicht übertrieben: Wer sich nicht im Klaren darüber ist, was genau und wohin sie oder ihn der Jobwechsel bringen soll, verschwendet höchstwahrscheinlich nur Zeit und Energie. Statt zielgerichtet vorzugehen, irrlichtern diese Menschen dann umher und ihr gelungener Neustart bleibt reiner Zufall.

Eigene Ziele finden

Im besten Fall kannst du auf Anhieb sofort aufzählen, was dein Ziel ist und was du dir von einem neuen Job erhoffst. Meine Erfahrung ist aber: Längst nicht jede(r) Wechselwillige hat so klare Vorstellungen davon, wie die berufliche Zukunft aussehen soll. Damit dein Neustart kein Blindflug wird, findest du im Folgenden einige Tipps und Tools, um deine individuellen Motive und Ziele zu identifizieren.

Ich betone: DEINE Ziele! Zu oft wird der Fehler gemacht, Karriereziele blind von anderen zu übernehmen, weil sie so gut (auf Instagram) aussehen. Motto: „Genau das will ich auch, weil es so viele auch schon haben!" So rennst du nur einem Traum und Leben hinterher, das andere leben und gar nicht dein eigenes ist. Mehr Geld, mehr Freiheit, mehr Verantwortung, beruflicher Aufstieg – das sind Ziele, die viele haben. Sie sind auch nicht falsch. Ich bewerte das überhaupt nicht moralisch. Es müssen aber eben nicht deine sein! Intrinsische Motivation und damit ein starker innerer Antrieb entsteht nur, wenn du wirklich DEINE Ziele verfolgst. Damit das gelingt, solltest du dir vor jeder Option und Idee für eine berufliche Neuorientierung eine einfache Frage stellen. Aber Achtung:

Die Frage ist ein Wolf im Schafspelz! Sie lautet: „Will ich das?" Das ist überraschend kurz, klingt geradezu trivial, hat es aber faustdick zwischen den Zeilen. Denn der Trick besteht darin, ihre drei Worte unterschiedlich zu betonen und mit den Betonungen drei elementare Bedeutungen zu hinterfragen ...

1. WILL ich das?

Mit der Betonung auf dem ersten Wort sind wir wieder bei deinem echten VeränderungsWILLEN. Für welchen Job du dich am Ende auch entscheidest: Willst du diese Richtung einschlagen – mit allen damit verbundenen Konsequenzen? Ich gebe dir mal ein Beispiel aus meinem Leben: Kurz vor dem Abitur war mein Traumberuf, Schauspieler zu werden. Ich sage das mal unbescheiden: Ich mag die Bühne und die Bühne mag mich. Freunde bescheinigen mir regelmäßig, eine „Rampensau" zu sein. Aber: Ich bin auch ein Familienmensch und liebe mein Haus mit Garten. Beides ist mit dem Beruf des Schauspielers, der von Theater zu Theater, von einem Filmset zum nächsten Engagement zieht, schwer vereinbar. Also musste ich mich entscheiden. Ich WOLLTE meinen Traum vom Familienleben nicht aufgeben, den Preis war ich nicht bereit zu bezahlen. Also war der Schauspieler gestorben. Stattdessen wurde ich Journalist – in dem Wissen, dass es mich womöglich ebenso auf ein Podium oder mal vor eine Kamera bringt. Oder wie heute als Speaker auf eine Bühne. Du merkst einerseits: Auch Umwege können zum Ziel führen. Aber die Kernfrage bleibt: WILL ich das wirklich?

2. Will ICH das?

Die zweite Betonung legt den Schwerpunkt auf deine persönlichen Ziele hinter dem Jobwechsel. Sind es wirklich DEINE Motive, die dich antreiben, oder lässt du dich von äußeren Erwartungen leiten? Nicht selten kommen diese aus der Familie, von Freunden oder auch aus der Gesellschaft. Du nimmst dir etwas vor, um anderen zu gefallen oder einen Status zu gewinnen. Aber den Job selbst willst du eigentlich nicht. Ein anderes Beispiel: Der Beruf „Müllwerker" (umgangssprachlich: Müllmann) genießt nicht gerade das beste Ansehen. Abfall von anderen entsorgen – das stinkt doch und ist dreckig! Genau deshalb ist es aber auch ein enorm gut bezahlter Job, für den es kaum Qualifikationen braucht. Und er kann genau das Richtige sein, wenn du einen krisenfesten Job mit geregelten Arbeitszeiten, Tarifvorteilen und festem Feierabend suchst. Aber diese Wahl sorgt natürlich erst mal für ein überraschtes Naserümpfen, wenn du deinen Eltern sagst: „Ich will Müllmann oder Müllfrau werden!" Der soziale Druck von außen kann enorm sein. Trotzdem musst du diesem widerstehen und deine Neuorientierung auf einen Fixpunkt ausrichten, der allein DEINEN Vorstellungen und Talenten entspricht. Erwartungen von nahestehenden Personen dürfen zwar gern einfließen, die Entscheidung bleibt aber bitte deine!

3. Will ich DAS?

Das Trio der Fragen schließt du ab, indem du kritisch analysierst, WAS du genau willst. Dazu musst du dieses Ziel möglichst genau benennen und beschreiben können. „Irgendwas mit Menschen" oder „Irgendwas mit Medien" ist kein Berufsziel, höre ich aber oft. Wenn man dich nicht gerade in einen Bunker im Erzgebirge mitsamt einem Computer einsperrt, hat so ziemlich jeder Beruf „irgendwas mit Menschen" zu tun, weil es immer Kollegen, Kunden, Vorgesetzte oder Geschäftspartner gibt. Auch das Ziel „Ich will einen besseren Job" kann alles und nichts bedeuten. Viel zu unkonkret und schwammig! Überlege dir und formuliere daher so konkret wie möglich, was du willst und was das für dich bedeutet.

Hierbei hat sich übrigens schon mehrfach ein Klassiker, die sogenannte SMART-Methode, bewährt. Hinter dem cleveren

Akronym verbergen sich insgesamt fünf Kriterien, die deine Ziele erfüllen müssen, damit du diese erreichst: Dein Ziel muss spezifisch, messbar, attraktiv, und realistisch sein und braucht einen festen Termin, also eine Deadline.

Wenn du genauer wissen willst, wie die SMART-Methode funktioniert, dann schaue gleich in unseren ausführlichen Artikel dazu. Dort erklären wir detailliert, wie die fünfstufige Strategie abläuft und welche Vorteile diese für dich haben kann: ***https://karrierebibel.de/smart-methode/***

Test: Was sind meine Stärken?

Um die Weichen für deinen Jobwechsel zu stellen, kannst du dich neben den Zielen auch mit deinen Stärken beschäftigen. Oder anders ausgedrückt: Im letzten Abschnitt hast du dich mit der Frage „Was will ich?“ beschäftigt – nun folgt die Selbstanalyse zur Frage: „Was kann ich besonders gut?“ Dein Traumjob sollte schließlich nicht nur deine Leidenschaft sein, sondern auch deinen Stärken und Talenten entsprechen.

Wie aber kannst du deine individuellen Stärken erkennen? Erstaunlicherweise fällt das den meisten Menschen außerordentlich schwer. Bei anderen die besonderen Fähigkeiten sehen? Kein Problem! Aber bei uns selbst fokussieren wir meist nur auf die Schwächen, Fehler und Defizite. Wenn ich dich frage: Worin bist du schlecht? Dann fallen dir sicher sofort ein paar negative Eigenschaften und fehlende Kompetenzen ein. Auf die umgedrehte Frage nach den Stärken folgt hingegen meist nachdenkliches Schweigen.

Eine Ursache hierfür ist das in Deutschland so typische wie komplizierte Verhältnis zu den natürlichen Talenten und positiven Seiten. Wenn etwas hart erarbeitet wurde, mit Blut, Schweiß und Tränen erkauft, wenn wir dafür lernen, studieren oder eine Ausbildung absolvieren mussten, für die es am Ende ein Zeugnis oder irgendein anderes Dokument mit Brief und Siegel gibt – ja, dann ist das etwas wert. Dann haben wir es Schwarz auf Weiß: „Das kannst du! Das ist deine Qualifikation, deine Stärke!" Wenn es uns aber von Gottes Gnaden in die Wiege gelegt wurde, wenn wir es einfach können – ohne Zertifikat mit Durchschlag –, dann ist das irgendwie ... nichts. Verrückt, oder?!

Jeder Mensch hat aber natürliche Stärken und Talente. Allein diese machen dich einzigartig und besonders. Und sie geben uns allen diverse Alleinstellungsmerkmale an die Hand, die wir zu unserem Vorteil oder zur beruflichen Orientierung nutzen können, weil das nur wenige andere (mit denselben Talenten) genauso gut können wie wir. Wir sind damit so etwas wie „Plug-and-play" – sofort einsetzbar. Und dann auch noch natürlich gut darin. Das sollten wir erkennen, dankbar annehmen und wertschätzen.

Deshalb folgt jetzt noch ein wichtiger Selbsttest zu deinen persönlichen Stärken. Kurz zur Erklärung: Ich nutze solche Tests, weil ich dir – ohne dich wirklich zu kennen – einfach nicht auf den Kopf zusagen kann, was das Richtige für dich ist. Das wäre unseriös und aufgrund deiner Individualität auch unmöglich. Die besten Antworten können, wie im Coaching, nur von dir selbst kommen. Was ich aber kann: Ich kann die richtigen Fragen stellen, dir Impulse geben und Leitplanken zur Orientierung aufstellen. Deshalb schaue dir jetzt bitte die folgenden Beschreibungen und Fragen an – und beantworte sie wieder ehrlich und spontan. Am besten umkringelst du gleich den Buchstaben der Antwort, die auf dich zutrifft. Aber bitte nichts schönfärben – es geht um die realistische Selbsteinschätzung deiner Stärken! Wir sind hier ja unter uns.

Der Vorgesetzte ist aufgebracht, da ein Projekt in Verzug ist oder bereits an die Wand gefahren wurde. Du und deine Kollegen sind direkt daran beteiligt. Wie reagierst du?

- ☐ *In kritischen Situationen bewahre ich einen kühlen Kopf. Nichts bringt mich so schnell aus der Fassung. (D)*
- ☐ *Ich setze mich sofort mit dem Team für eine Krisenbesprechung zusammen. Was können wir tun, um das Ruder noch herumzureißen? Wir sammeln Ideen und entwerfen Lösungsvorschläge, mit denen wir sofort beginnen können. (A)*
- ☐ *Ich fühle mich schrecklich. Die ganze Zeit grüble ich darüber nach, wie es überhaupt so weit kommen konnte, welche Fehler wir gemacht und was wir übersehen haben. (B)*
- ☐ *Ich analysiere die Situation und verschaffe mir einen konkreten Überblick. Besonders achte ich darauf, welchen Anteil ich daran habe und was ich persönlich ändern kann. (C)*

Ein größeres Projekt, bei dem du für einen Teil zuständig warst, wird abgeschlossen. Wie schätzt du deinen Anteil am Ergebnis ein?

- ☐ *Ich weiß genau, was ich kann und werde das auch entsprechend herausstreichen. Meine Fähigkeiten und*

Leistungen sollten auch der Chef und der Kunde mitbekommen. (D)

- ☐ *Unser Team besteht aus fünf Leuten, die Aufgaben für das gesamte Projekt wurden entsprechend der persönlichen Kompetenzen verteilt. Ich habe das Ganze koordiniert und mich um die Organisation sowie die Kommunikation gekümmert. (C)*
- ☐ *Ohne die gegenseitige Unterstützung durch die anderen Teammitglieder wäre das Projekt niemals was geworden. Ich freue mich, dass wir gemeinsam einen Erfolg erzielen konnten. (B)*
- ☐ *Ehrlicherweise fand ich die anfängliche Herangehensweise eher merkwürdig. Ich konnte allerdings mit einigen meiner Vorschläge punkten und durch neue Ideen das gesamte Projekt voranbringen. (A)*

Du wirst darum gebeten, eine wichtige Präsentation zu halten. Wie gestaltest du diese?

- ☐ *Durch mein Wissen und meine Arbeit habe ich genügend Material zu dem Thema und dem gesamten Bereich. Mit einigen zusätzlichen Grafiken sollte ich alles verständlich darstellen können. (C)*
- ☐ *Meine größte Sorge ist, ob die Zeit reicht. Ich habe etliche Ideen, wie ich das Thema aufziehen und erzählen könnte. Jetzt muss ich mich für eine entscheiden. (A)*
- ☐ *Ich werde zeitig mit den Vorbereitungen beginnen. Ganz wichtig ist mir eine Diskussionsrunde, in der sich jeder einbringen kann. Vielleicht versuche ich auch, einige interaktive Elemente einzubauen, um die Beteiligung in der Runde zu erhöhen. (B)*
- ☐ *In dem Thema bin ich sattelfest, darüber mache ich mir kaum Gedanken. Ich schaue mir vorher noch ein-*

mal meine Unterlagen an, füge einige Folien zusammen und lege los. Das wird schon laufen. (D)

Jeder Job besteht zu Teilen aus Routinen. Mal mehr, mal weniger – doch einige wiederholende Abläufe gehören immer dazu. Wie kommst du damit klar?

- ☐ *Der Vorteil ist: Mit Routinen können Aufgaben schnell erledigt werden. Sie erleichtern in vielen Bereichen die Arbeit. Dann kann ich mich anschließend dem nächsten Punkt auf meiner To-do-Liste zuwenden. (D)*
- ☐ *Bei Routineaufgaben fühle ich mich besonders sicher. Hier habe ich mir eine klare Struktur und vorgefertigte Abläufe zurechtgelegt, an denen ich mich jederzeit orientieren kann. So bin ich auf alles vorbereitet. (B)*
- ☐ *Zugegeben: Das kann manchmal ganz schön öde sein. Dinge nach Schema F zu bearbeiten, ist nicht sonderlich spannend oder herausfordernd. Es gehört aber zu jedem Job dazu und ist je nach Aufgabe eine durchaus sinnvolle Vorgehensweise. (C)*
- ☐ *Ich hasse Routinen – in jeder Hinsicht. Sie begrenzen mich geistig und schränken meine gesamte Arbeitsweise ein. Ich brauche mehr Freiheit, Flexibilität und wünsche mir größere Abwechslung. (A)*

Im Büro gab es eine Auseinandersetzung zwischen zwei Kollegen. Das gesamte Team hat das mitbekommen oder zumindest davon erfahren. Wie reagierst du?

- ☐ *Ich halte mich zurück und aus dem Konflikt raus. Das müssen die Betroffenen unter sich klären. (D)*
- ☐ *Solche Missstimmungen und Streitigkeiten am Arbeitsplatz kann ich nicht gut aushalten. Ich versuche*

deshalb, zwischen den beiden Streithähnen zu vermitteln und unterstütze dabei, das Kriegsbeil zu begraben. (B)

- ☐ *Streitigkeiten innerhalb des Teams wirken sich nachteilig auf das Ergebnis aus. Nicht nur der einzelnen Beteiligten, sondern der gesamten Gruppe. Ich bin genervt, wenn das meine Arbeit behindern sollte. (C)*
- ☐ *So etwas kommt in den besten Familien vor. Unterschiedliche Ansichten führen nun mal zu Reibungen. Erst mal ein Käffchen trinken, vielleicht woanders hinsetzen und sich ein wenig aus dem Weg gehen – dann läuft alles wieder und die Spannungen lassen nach. (A)*

Wie gehst du mit Veränderungen im Job um? Gemeint sind neue Aufgaben, an denen du künftig mitwirken sollst.

- ☐ *Ich liebe es, neue Bereiche zu erkunden und Unbekanntes auszuprobieren. Hier kann ich mich richtig austoben und noch dazulernen. Vielleicht habe ich sogar ein paar Verbesserungsvorschläge. (A)*
- ☐ *Ich lasse mich überraschen und schaue, was auf mich zukommt. Ich bin absolut offen für Neues und freue mich auf die Herausforderungen. (D)*
- ☐ *Es hängt ganz davon ab, was genau diese Veränderungen bedeuten und mit sich bringen. Ich warte erst einmal ab und lerne langsam die neuen Erwartungen und Abläufe kennen. (B)*
- ☐ *Ich verschaffe mir möglichst schnell einen Überblick. Mit dieser Einschätzung kann ich dann beurteilen und entscheiden, was als Erstes zu tun ist. Durch diese Prioritäten kann ich mich gleich um Wesentliches kümmern. (C)*

Wie triffst du Entscheidungen?

- ☐ *Ich schaue mir immer die verschiedenen Möglichkeiten ganz genau an. Am besten gelingt das mit einer Pro-Contra-Liste, die ist besonders übersichtlich. Aber auch andere Entscheidungsmethoden nutze ich regelmäßig, bevor ich mich endgültig festlege. (C)*
- ☐ *Ich vertraue in den meisten Fällen auf meine Intuition. Die hat sich bereits in der Vergangenheit immer wieder als treffsicher erwiesen. Weiterer Vorteil: Ich muss nicht lange hin und her überlegen, sondern entscheide schnell. (D)*
- ☐ *Als Erstes bespreche ich mich mit anderen. So können wir gemeinsam die verschiedenen Facetten beleuchten. Meist lasse ich das Ergebnis der Gespräche dann noch eine Weile sacken, um darüber nachzudenken. So komme ich am Ende zu den besten Ergebnissen. (B)*
- ☐ *Ich probiere meistens das aus, was mir auf den ersten Blick am meisten zusagt. Meine Freunde sagen, dass solch spontane Entscheidungen ganz typisch für mich sind. (A)*

Alle Szenarien angesehen und die Fragen beantwortet?

Dann schaue dir nun an, welcher Antwortbuchstabe dominiert. Hast du eine Antwortmöglichkeit deutlich öfter gewählt als andere? Dann steht diese für deinen individuellen Stärken-Typ. Mischtypen sind auch keine Seltenheit. Hast du dich ähnlich oft für zwei Buchstaben entschieden, entspricht eine Kombination dieser beiden Typen deinem Stärkenprofil.

Stärken-Typ A: Der kreative Kopf

Du bist der eher kreative Typ: voller Ideen und mit einem breiten Interessengebiet. Neue Aufgabenbereiche faszinieren dich, du willst viel ausprobieren und durch verschiedene Vorgehensweisen die beste Lösung finden. Ein wichtiges Motto für deine Arbeitsweise: Abwechslung statt Langeweile! Routinen und Standardabläufe sind dir ein Graus. Deine große Fantasie und der schier endlose Einfallsreichtum wirken auf andere vielleicht manchmal chaotisch – darin stecken aber deine großen Stärken. Du hast für jedes Problem mindestens drei Ideen und kannst in jedem kreativen Bereich punkten.

Mögliche Berufe, die zu deinen Stärken passen:

- *Grafikdesigner/in*
- *Mediengestalter/in*
- *Fotograf/in*
- *Produktdesigner/in*
- *Technische/r Modellbauer/in*

Stärken-Typ B: Der routinierte Helfer

Du bist ein hilfsbereiter Teamplayer und fühlst dich in Routinen sehr wohl. Neuerungen und Veränderungen stehst du hingegen skeptisch und zurückhaltend gegenüber. Für dich ist klar: Neues ist nicht immer besser. Bekannte Abläufe geben dir Sicherheit und ein Gefühl der Kontrolle. Denkbare Berufsfelder sind beispielsweise Behörden, in denen du genau diese klaren Strukturen und Routinen findest. Aber auch in sozialen Bereichen kannst du deine Stärken der Hilfsbereitschaft einbringen. Dein Wunsch nach Harmonie und guter Stimmung kann in manchen Umfeldern ein Hindernis sein, macht dich aber umso besser im Lösen von Konflikten.

Mögliche Berufe, die zu deinen Stärken passen:

- *Verwaltungsfachangestellte/r*
- *Beamte/r im mittleren/gehobenen Dienst*
- *Notar/in*
- *Sozialpädagoge/in*
- *Human Resource Manager/in*

Stärken-Typ C: Der analytische Denker

Du hast bei jeder Aufgabe einen analytischen und durchdachten Ansatz. Am Anfang stehen bei dir stets eine Bestandsaufnahme und ein Überblick: Was ist zu tun? Woran muss ich denken? Welche Informationen brauche ich und wo finde ich diese? Mit deinem strukturierten Vorgehen kannst du jede noch so komplexe Situation erfassen. Mögliche Gefahr: Du verzettelst dich in Analysen. Dann brauchst du die nötige Portion Pragmatismus. Im Team kannst du zwar gut funktionieren und gemeinsam Ziele verfolgen, deine wahre Stärke zeigt sich aber in ruhiger Umgebung. Mit voller Konzentration auf eine Herausforderung fokussiert, kannst du deine Analysestärke einbringen, Prioritäten setzen und Handlungsoptionen abwägen.

Mögliche Berufe, die zu deinen Stärken passen:

- *Eventmanager/in*
- *Business Analyst/in*
- *Controller/in*
- *Projektleiter/in*
- *Veranstaltungskaufmann/frau*

Stärken-Typ D: Der aktive Macher
Du hast eine absolute Hands-on-Mentalität. Statt lange um den heißen Brei herumzureden, legst du los und setzt Pläne in die Tat um. Dabei helfen dir Intuition, Selbstbewusstsein und Wissen um die eigenen Stärken. Du gehst stets organisiert vor, kannst in schwierigen Situationen ruhig und besonnen agieren oder Entscheidungen treffen, wenn es darauf ankommt. Tendenziell bist du eher ein Einzelkämpfer (oder Unternehmer). Vorgehensweisen von anderen empfindest du eher als chaotisch oder schlichtweg zeitraubend. Durch deine Stärken eignest du dich gut für Führungsaufgaben.

Mögliche Berufe, die zu deinen Stärken passen:

- *(Key) Account Manager/in*
- *Ingenieur/in*
- *Consultant*
- *Führungskraft / Manager*
- *Selbstständig mit eigener Firma*

Welcher Job passt jetzt zu mir?

Mit dem gesammelten Wissen über dich, deine Ziele und Stärken kannst du nun konkret nach passenden Jobs und Positionen suchen. Im besten Fall zeigt sich dabei: Du bist schon im richtigen Beruf – musst also keine komplett neue berufliche Richtung einschlagen. Hier führt dich der Jobwechsel mit großer Wahrscheinlichkeit lediglich zu einem anderen Arbeitgeber.

Ist die Unzufriedenheit mit der bisherigen Stelle größer und du hast das Gefühl, besser in einen anderen Beruf zu passen, stellt sich die Frage: Welcher Job könnte das sein? Da es in

Deutschland über 20.000 Studiengänge und mehr als 300 Ausbildungsberufe gibt, würde es den Rahmen dieses Buches sprengen, hier alle aufzuzählen. Aber zum Glück gibt es das Internet: Online findest du – neben klassischen Stellenanzeigen – heute zahlreiche Seiten mit weiteren Tests zur Berufsfindung und zu Berufsbildern mit ausführlichen Beschreibungen, Einstiegsvoraussetzungen, Gehaltsaussichten und potenziellen Arbeitgebern. Ich empfehle dir, diese Quellen unbedingt zur Recherche zu nutzen und dir beispielsweise mal ein Wochenende nur dafür Zeit zu nehmen. Mach ein paar zusätzliche Tests, schau dir neue und unbekannte Jobprofile an und vergleiche sie mit den Ergebnissen aus den obigen Selbsttests in diesem Buch!

Natürlich findest du auch wieder auf Karrierebibel.de zahlreiche Dossiers, Tests und Ratgeber dazu – inklusive weiterführender Links und Artikel. Allein in unserer Rubrik „Berufsbild“ findest du mehr als 100 ausführliche Jobprofile; auf unserer Schwesterseite, dem Jobportal Karrieresprung.de, sind es sogar über 400.

Falls du dich für eine neue Profession und Ausbildung interessierst, empfehle ich dir zusätzlich unseren Artikel zu den Ausbildungsberufen in Deutschland. Hier findest du eine Liste mit insgesamt 300 Ausbildungsberufen von A bis Z sortiert: ***https://karrierebibel.de/ausbildungsberufe/***

Mit dem Ikigai-Modell zur eigenen Berufung

Auf der Suche nach dem passenden Traumjob kann dir ebenso das Ikigai-Modell weiterhelfen. Ich mag es sehr, weil es simpel und doch komplex ist. Der Ansatz kommt aus Japan und versucht anhand von vier Fragen die eigene Bestimmung zu finden:

1. *Was liebe ich?*
2. *Worin bin ich gut?*
3. *Wofür werde ich bezahlt?*
4. *Was braucht die Welt?*

Wenn du einen Job findest, der alle Bereiche erfüllt, erreichst du das Ikigai (wörtlich: Wert des Lebens) – also den Idealzustand von Sinn, Zufriedenheit und beruflichem Erfolg. Das ist natürlich alles andere als einfach und in vielen Fällen erreicht der Job auch nur drei von vier Ansprüchen. Das Modell kann dir aber dennoch helfen, dich bei der Auswahl eines Jobs auf die Kernfragen zu konzentrieren und dir in Erinnerung zu rufen, worauf es für dich persönlich ankommt.

6

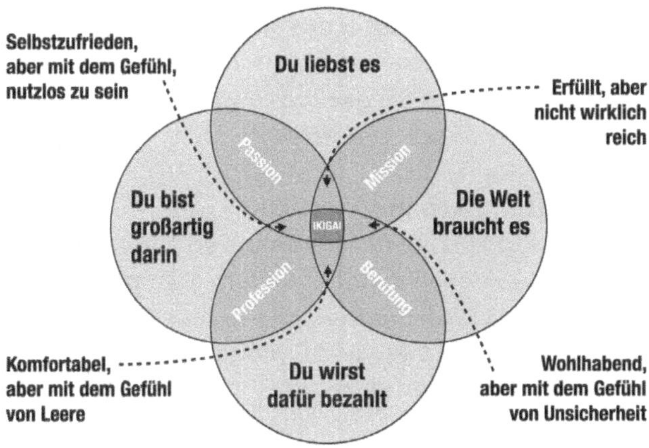

Kategorien für den möglichen Traumjob

Wie sich der potenzielle Traumjob finden lässt, hat ebenfalls den amerikanischen Autor John Holland beschäftigt. Dabei hat er sechs unterschiedliche Motive und Arbeitsbereiche identifiziert, die hinter dem perfekten Beruf stehen können. Diese bilden unterschiedliche Kategorien, in denen auch du den Job finden kannst, der zu dir passt.

Auch das ist ein relativ simples Modell. Je nachdem, was für ein Typ du bist oder an welcher Stelle du im Berufsfindungsprozess stehst, kannst du dich damit aber schon mal auf eine der Kategorien einstellen, was wiederum die Auswahl der ansonsten unzähligen möglichen Berufe deutlich eingrenzt.

1. Soziale Arbeiten (social)

Hierunter fallen alle Jobs, in denen man im engeren oder weiteren Sinne anderen Menschen hilft. Also etwa alle Sozialberufe, Coaching oder Entwicklungshilfe.

2. Verwaltende Arbeiten (conventional)

Das umfasst beispielsweise klassische Büroaufgaben und kaufmännische Tätigkeiten sowie Arbeiten in Behörden, Verbänden und Verwaltungen.

3. Künstlerische Arbeiten (artistic)

Diese Kategorie steht für alle kreativen und künstlerischen Jobs, in denen Einfallsreichtum gefragt ist. Das kann Texte, Bilder, Filme ebenso einschließen wie Medikamente, Produkte und Prototypen in der Forschung und Entwicklung.

4. **Körperliche Arbeiten (realistic)**
   Ein großer Bereich, in den beispielsweise Handwerksberufe fallen, aber auch andere Jobs, in denen vor allem mit Körpereinsatz (zum Beispiel Berufssportler) und mit den Händen gearbeitet wird.

5. **Analytische Arbeiten (investigative)**
   Situationen, Daten oder auch Menschen analysieren, Rückschlüsse aus gegebenen Informationen ziehen und daraus die besten Handlungen ableiten – darum geht es in diesen Jobs. Klassisch: Controller, Data Analyst, Marktforscher, Statistiker, Unternehmensberater.

6. **Leitende Arbeiten (enterprising)**
   Für manche Menschen ist es der absolute Traumjob, andere zu fördern und zu führen, sie zu motivieren und zu entwickeln. Diese Kategorie ist verwandt mit der ersten, geht aber darüber hinaus. Führungspositionen beinhalten ebenso das Führen einer gesamten Organisation oder eines eigenen Unternehmens. Manager oder Selbstständiger sind typische Berufe in dieser Kategorie.

Es gibt zwar ein Meer an Möglichkeiten – und dies führt oft zu Orientierungslosigkeit. Indem du aber einige der oben genannten Selbstreflexionsübungen und Tests absolvierst, dir über deine natürlichen Talente und Stärken im Klaren wirst, dich selbst und deine persönlichen Ziele besser kennenlernst, kannst du die Auswahl stark eingrenzen und unmittelbar besser strukturieren. Mit diesem Wissen im Hinterkopf kannst du das Kapitel natürlich auch gleich noch mal durchgehen und dir weitere detaillierte Notizen machen. Das macht zwar etwas mehr Mühe und ich kann dir das auch nicht abnehmen. Aber diese gründliche Vorarbeit lohnt sich massiv, weil du deinem Jobwechsel so eine viel bewusstere und solidere Basis sowie strategische Richtung gibst.

Das Wichtigste in Kürze

- Vor einem Jobwechsel solltest du genau wissen, was du willst. Nur so kannst du gezielt nach einer neuen Position suchen, die deinen Erwartungen und Wünschen entspricht.
- Um einen genauen Kurs zu bestimmen, benötigst du vor allem zwei Koordinaten: deinen Ausgangspunkt und dein Ziel. Beide bestimmen die beste Route. Nutze die zahlreichen Tests und Reflexionsfragen und füttere damit dein Job-Navi.
- Setze dir unbedingt berufliche Ziele, die du mit dem Wechsel erreichen möchtest. Horche in dich hinein, was du wirklich willst – von deinem Job und künftigen Berufsleben.
- Berücksichtige bei der Selbstanalyse auf jeden Fall auch deine Stärken, Leidenschaften und natürlichen Talente. Oft werden diese übersehen, weil wir diese Dinge schon immer gut konnten, ohne sie erst mühsam lernen zu müssen. Diese Stärken können aber der Schlüssel zu einem genialen Beruf sein, der perfekt zu uns passt. Das kann, muss aber nicht zwangsläufig der Job sein, den du bisher ausgeübt hast. Vielleicht ist gerade jetzt eine größere Neuorientierung sinnvoll.

- Beziehe bei deiner Selbstanalyse ruhig auch Freunde und Familie mit ein. Außenstehende sehen unsere natürlichen Talente oft noch besser. Die endgültige Entscheidung für den Job solltest aber immer du selbst treffen. Es ist DEIN Leben, dein Beruf, der vor allem dich über Jahre und Jahrzehnte erfüllen und weiterbringen soll.

Kapitel 4

JOBWECHSEL VORBEREITEN

Schon Konfuzius wusste: „In allen Dingen hängt der Erfolg von der Vorbereitung ab." Ein Jobwechsel ist dabei keine Ausnahme. Der neue Job ist schließlich nicht der erste Schritt, sondern das Ergebnis eines vorangegangenen Prozesses. Einen wichtigen Teil davon hast du schon mit den ersten beiden Kapiteln absolviert: Du kennst dich besser, weißt, was du kannst, willst und wohin. Klasse! Wie du deinen Jobwechsel noch weiter optimal vorbereitest und woran du dabei denken solltest, erfährst du in diesem Abschnitt.

Ressourcen-Check: Wie viele Reserven habe ich?

Zur gründlichen Vorbereitung gehören natürlich auch ein paar Basics: Du musst also, wie bei jedem anderen Projekt auch, zunächst einen Ressourcen-Check durchführen. Heißt: Schaue dir ganz genau an, wie viele der folgenden Faktoren dir zur Verfügung stehen und wie diese dein weiteres Vorgehen und deinen Plan beeinflussen. Im Fokus stehen dabei zwei zentrale Ressourcen, die du im Vorfeld klären musst: Zeit und Geld. Beides spielt eine entscheidende Rolle und sollte deshalb unbedingt in die Vorbereitung einbezogen werden.

Zeitliche Reserven: Wie viel Zeit habe ich?

Jeder Jobwechsel hat einen zeitlichen Rahmen. Manchmal kann es nicht schnell genug gehen: Dies gilt beispielsweise, wenn du von deinem Arbeitgeber gekündigt wurdest, ohne rechtzeitig nach einem neuen Job gesucht zu haben. Oder wenn die aktuelle Situation bei deinem Arbeitgeber so unerträglich geworden ist (etwa aus gesundheitlichen Gründen), dass eine weitere Zusammenarbeit keine Option darstellt. Hier musst du schnell raus und eine neue Anstellung finden. Die einzelnen Schritte dulden also keinen langen Aufschub. Entsprechend knapp ist die Zeit zur Vorbereitung – trotzdem soll alles erfolgreich sein und zu einem Wunscharbeitgeber führen.

Anders sieht es aus, wenn du ganz ohne zeitlichen Druck an das Thema Jobwechsel herangehst. Du willst dich beruflich verändern, siehst dich aber nicht dazu gezwungen, gleich im nächsten Monat woanders anzufangen. Vor diesem Hintergrund kannst du das weitere Vorgehen ganz anders planen. Nicht nur entspannter, sondern auch mit längerem Vorlauf und intensiverer Vorbereitung.

Diese zweite Situation ist für dich als Jobsuchenden natürlich immer komfortabler. Nicht nur weil du ohne zeitlichen Druck auf Jobsuche gehen kannst, sondern weil du dich auch aus einer Position der Stärke heraus bewirbst. Du kannst entsprechend selbstbewusster in der Bewerbung, im Vorstellungsgespräch und in den Gehaltsverhandlungen auftreten. Schon aus dem Grund empfehle ich, das Thema Jobwechsel nicht einfach auf dich zukommen zu lassen, sondern regelmäßig für dich zu prüfen. Du merkst jetzt auch, warum das Wissen über typische Jobzyklen am Anfang des Buchs so wichtig war. Wie gesagt: Es besteht keinerlei Zwang oder Druck, einen guten Job zu verlassen. Aber indem DU für dich den richtigen Zeitpunkt erkennst und bestimmst, behältst du alle Trümpfe in den Händen.

Finanzielle Reserven: Wie viel Geld habe ich?

Eng verbunden mit der Ressource Zeit sind deine finanziellen Reserven. Bringt man es mit einer Frage auf den Punkt, lautet diese: Wie lange kommst du mit deinen Ersparnissen aus, sollte der geplante Jobwechsel länger dauern als erwartet? Wenn zwischen Ausstieg und Wiedereinstieg mehrere Monate liegen, sollte die finanzielle Lücke gedeckt sein. Du musst genau wissen, für welchen Zeitraum deine finanziellen Reserven ausreichen, ansonsten gerätst du dann, wenn das Geld verbraucht ist, enorm unter Druck und entscheidest dich womöglich für eine Notlösung, nur weil sie dir kurzfristig ein Einkommen sichert. Ein solches Provisorium möchte ich gern vermeiden.

Rechne also genau durch, wie hoch deine monatlichen Ausgaben sind. Am besten gelingt das mit einer Liste und einer Tabellenkalkulation wie Excel (Microsoft) oder Numbers (Apple). Dabei solltest du nicht alle deine Rücklagen für den Jobwechsel beziehungsweise die Phase einer möglichen Arbeitslosigkeit verplanen – jedoch zumindest so viel, dass du eine Phase von durchschnittlich drei Monaten überbrücken kannst. So lange dauert ein Jobwechsel im Schnitt. Bei monatlichen Kosten von 1.500 Euro benötigst du also beispielsweise 4.500 Euro an Rücklagen. Bei einer finanziellen Reserve von 10.000 Euro auf dem Konto kämst du – wenn es hart auf hart kommt – sogar sechs Monate lang über die Runden. Bei weniger Rücklagen muss der Jobeinstieg entsprechend schneller gelingen – oder du beginnst mit dem Projekt noch im aktuellen Beschäftigungsverhältnis.

Sicher: Auch vom Staat gibt es zuweilen Unterstützung – zum Beispiel in Form von Arbeitslosengeld (ALG1). Die Hilfe gibt es aber nur, wenn du zuletzt länger als sechs Monate beschäftigt warst und die Kündigung vom Arbeitgeber ausgesprochen wurde. Bei einem selbst gewählten Jobwechsel kündigst hingegen du. Effekt: Es gibt erst einmal eine bis zu zwölf Wochen dauernde ALG-Sperre beim Arbeitsamt. Deshalb sind eigene Reserven so wichtig.

Ich nenne diese Finanzpolster übrigens gern auch „LMAA-Geld". Damit meine ich nicht „Lächle Mehr Als Andere", sondern die andere Bedeutung ... Du weißt schon. Eine solche Rücklage auf dem Konto wirkt ungemein beruhigend und macht dich sofort selbstbewusster, weil du weißt: Ich kann hier jederzeit weg und aus dem Stegreif kündigen! Und nach drei Monaten setzt dann auch wieder das ALG1 ein, sodass du theoretisch bis zu zwölf Monate Zeit gewinnst, dir einen neuen Job zu suchen.

Natürlich ist mir klar, dass nicht jeder mal eben so drei Netto-Monatsgehälter zur Seite legen kann. Das ist Geld, keine Frage. Aber nimm dieses „Fuck-You-Money" wenigstens als Anregung und Idee für deinen Hinterkopf: Vielleicht ergibt sich schon bald die Gelegenheit für dich, mehr Geld zurückzulegen und anzusparen. Eine solche stille Reserve hilft ja nicht nur zur Entspannung bei Jobwechseln.

Apropos endlich mehr Geld verdienen: Verdienst du, was du verdienst? In mehreren Jahren haben wir zusammen mit Gehaltsexperten, Rhetoriktrainern und Verhandlungsprofis ein enorm erfolgreiches Coaching-Programm entwickelt, mit dem du durchsetzungsstark verhandeln und sofort signifikant mehr Geld verdienen kannst. Mehr Infos dazu hier: ***https://akademie.karrierebibel.de/gehaltscoaching/***

Kündigung planen und Kündigungsfrist beachten

Kennst du die zeitlichen und finanziellen Ressourcen, geht es an die Planung der Kündigung. Dazu gehört tatsächlich etwas mehr, als ein Kündigungsschreiben zu verfassen und dem Chef auf den Tisch zu knallen. Mit einer gut vorbereiteten Kündigung beweist du deine Professionalität und behältst eine gute Reputation. Zudem: Bevor es überhaupt an der neuen Wirkungsstätte losgehen kann, musst du die Kündigungsfrist beim jetzigen Unternehmen beachten und einhalten. Informiere dich daher am besten gleich darüber, wie lange du noch an den jetzigen Arbeitgeber gebunden bist, bevor ein Wechsel möglich ist. Das kann von wenigen Wochen bis hin zu mehreren Monaten dauern. Die Hinweise dazu findest du in deinem Arbeitsvertrag oder im gültigen Tarifvertrag.

FUN FACT: Geplante Kündigungen machen erfolgreicher

Wie wichtig die Planung deiner Kündigung ist, wurde sogar wissenschaftlich untersucht. Studien von Anthony Klotz, der am University College London (UCL) forscht, kamen zu dem Ergebnis: Ein professioneller Abschied kann sogar die Karriere fördern. Motto: „Man sieht sich immer zwei Mal im Leben." Tatsächlich wirkte sich die geplante und korrekte Kündigung bei den Probanden positiv auf deren Ruf aus. Je nachdem, wie klein die Branche war, sprach sich das herum und öffnete ihnen später weitere Türen.

Wie lang ist meine Kündigungsfrist?

Zunächst gilt für Arbeitnehmer die sogenannte Grundkündigungsfrist. Diese beträgt vier Wochen zum Monatsende oder zum 15. eines Monats. Ein Beispiel: Du kannst am 1. März deine schriftliche Kündigung beim Chef einreichen und wirksam zum 31. März kündigen. Die Frist von vier Wochen wurde dabei eingehalten und du könntest theoretisch ab dem 1. April an einem neuen Arbeitsplatz anfangen. Diese Grundkündigungsfrist bleibt für Mitarbeiter immer gleich lang. Auch nach 15 Jahren im Betrieb kannst du mit vierwöchiger Frist kündigen, wenn diese für dich gilt.

Aber keine Regel ohne Ausnahmen: Bist du noch in der Probezeit, gilt nur eine verkürzte Kündigungsfrist von zwei Wochen. Hier kannst du also schneller aus dem Vertrag und dich neu orientieren, falls du feststellst, dass der Job so gar nicht deinen Vorstellungen entspricht.

Auch längere Kündigungsfristen für Arbeitnehmer sind erlaubt, wenn diese zwischen Mitarbeiter und Unternehmen schriftlich vereinbart wurden. Ein häufiges Modell in der Praxis: Die Fristen für Arbeitnehmer und Arbeitgeber werden gekoppelt. Anders als die Grundkündigungsfrist für Mitarbeiter verlängert sich die Frist für Arbeitgeber mit der Dauer der Betriebszugehörigkeit. Findet sich eine solche Klausel und Formulierung in deinem Arbeitsvertrag, kann sich deine Kündigungsfrist ebenfalls ausweiten, je länger du als Angestellter dort beschäftigt bist.

Hier ein Überblick über die gesetzlichen Kündigungsfristen für Arbeitgeber, an die deine Kündigungsfrist gekoppelt sein kann:

Beschäftigungsdauer	Kündigungsfrist
0 bis 6 Monate (Probezeit)	2 Wochen
7 Monate bis 2 Jahre	4 Wochen (zum Monatsende oder 15.)
2 Jahre	1 Monat zum Monatsende
5 Jahre	2 Monate zum Monatsende
8 Jahre	3 Monate zum Monatsende
10 Jahre	4 Monate zum Monatsende
12 Jahre	5 Monate zum Monatsende
15 Jahre	6 Monate zum Monatsende
20 Jahre	7 Monate zum Monatsende

Zum Arbeitnehmerschutz gehört, dass die Kündigungsfrist für Arbeitnehmer niemals länger sein darf als die für den Arbeitgeber. Bei einer Kopplung darf somit höchstens eine identische Frist für beide Seiten vereinbart werden. Eine andere Klausel ist unwirksam. Wurde vertraglich eine längere, unrechtmäßige Frist für den Mitarbeiter festgelegt, greift automatisch die gesetzliche Grundkündigungsfrist von vier Wochen.

Bei der Dauer der Kündigungsfrist gibt es somit keine pauschale und für jeden allgemeingültige Antwort. Du musst dich deshalb in jedem Fall informieren, was in deinem Arbeitsvertrag steht. Je kürzer deine geltende Frist, desto flexibler kannst du den Jobwechsel planen und realisieren.

Wie komme ich früher aus dem Arbeitsvertrag?

Auf der einen Seite schützt eine lange Kündigungsfrist vor kurzfristigen oder mutwilligen Entlassungen durch den Chef. Du musst – außer bei einer fristlosen Kündigung – nicht mit einem plötzlichen Jobverlust rechnen. Eine lange Frist für dich kann allerdings zum Problem werden. Kaum ein Arbeitgeber wird länger auf einen neuen Mitarbeiter warten, wenn die Stelle dringend besetzt werden muss. Das gilt allenfalls für extrem rare Spezialisten auf dem Arbeitsmarkt. Meine Empfehlung lautet daher, eine solche Klausel im Arbeitsvertrag möglichst nicht zu akzeptieren und immer auf die gesetzliche Kündigungsfrist für Arbeitnehmer zu pochen.

Falls das Kind aber schon in den Brunnen gefallen ist, gibt es noch ein paar Optionen, wie du früher aus dem bestehenden Arbeitsvertrag kommst – trotz langer Kündigungsfrist. Folgende Varianten sind möglich:

- **Arbeitsvertrag prüfen**
  Im ersten Schritt solltest du deinen Arbeitsvertrag prüfen oder von einem Fachanwalt für Arbeitsrecht prüfen lassen. Immer wieder werden beim Erstellen formale Fehler gemacht, die sich zu deinen Gunsten auswirken können und nachteilige Klauseln unwirksam machen. Teils gibt es dazu auch neue Urteile – die kennt der Anwalt am besten.

- **Aufhebungsvertrag abschließen**
  Überdies kannst du versuchen, dich mit deinem Arbeitgeber auf eine kürzere Kündigungsfrist zu einigen und einen Aufhebungsvertrag abzuschließen. Mit diesem kann ohne jede Frist die Zusammenarbeit (auch sofort) beendet werden, wenn beide Seiten einvernehmlich zustimmen. In diesem Fall droht aber wieder eine Sperrfrist beim Arbeitslosengeld. Die Vereinbarung eignet sich deshalb vor allem dann, wenn du bereits einen neuen Job sicher in der Tasche hast.

- **Resturlaub nehmen**
  Wenn du noch viele ungenutzte Urlaubstage hast, kannst du mit diesem Resturlaub die Kündigungsfrist verkürzen. So lassen sich zwar keine Monate, aber mit etwas Glück zumindest ein paar Wochen überbrücken.

- **Fristlose Kündigung einreichen**
  Auch als Mitarbeiter hast du das Recht, deinen Job fristlos zu kündigen. Dies ist jedoch nur unter bestimmten Voraussetzungen möglich – um einfach nur schnell aus dem Vertrag zu kommen, geht das nicht. Für die fristlose Kündigung durch den Arbeitnehmer brauchst du wichtige Gründe, die eine weitere Zusammenarbeit „unzumutbar" machen. Das gilt beispielsweise, wenn dir seit längerer Zeit kein Gehalt mehr gezahlt wird; wenn es im Job zu schweren Beleidigungen, Tätlichkeiten oder sexueller Belästigung kommt und auch dann, wenn im Job deine Gesundheit durch Missachtung des Arbeitsschutzes gefährdet wird. Aber eben nur dann.

Zwischenzeugnis anfordern

Für die Jobsuche benötigst du in der Regel ein Arbeitszeugnis, das du den Bewerbungsunterlagen beifügst. Ohne das Dokument sind bei einigen Arbeitgebern die Chancen deutlich geringer, weil Personaler von einem fehlenden Zeugnis auf eine schlechte Bewertung schließen, die so verschleiert werden soll. Kurz: Kein Zeugnis in der Bewerbung bedeutet miese Beurteilung durch den Ex-Arbeitgeber. Das muss natürlich überhaupt nicht stimmen, senkt aber deine Bewerbungschancen. Deshalb: Ist der Entschluss zum Jobwechsel gefasst, solltest du schon einmal vorsorglich ein Zwischenzeugnis bei deinem Arbeitgeber beantragen. In diesem Zeugnis werden die Eckdaten der Zusammenarbeit (persönliche Daten, Beschäftigungsdauer, Stellenbezeichnung, Aufgaben, ...) genannt. Viel wichtiger ist jedoch: Es beinhaltet ebenso eine Beurteilung deiner Leistungen und deines Sozialverhaltens am Arbeitsplatz. Damit diese Beurteilung enthalten ist, solltest du unbedingt ein „qualifiziertes Zeugnis" anfordern. In seinem Pendant, dem „einfachen Zeugnis", werden lediglich nüchtern die Fakten zum Arbeitsverhältnis aufgezählt – und die gelten bei Personalern ebenfalls als Indiz, dass die Beurteilung sonst wohl schlecht ausgefallen wäre.

Aus welchem Grund kann ich das Zeugnis beantragen?

Ein Risiko beim Zwischenzeugnis bleibt: Arbeitgeber riechen den Braten. Wenn Mitarbeiter ein Zwischenzeugnis beantragen, schrillen bei den meisten Chefs die Alarmglocken: Der will hier weg! Eben weil es fast ausschließlich zur Jobsuche genutzt wird. Mein Tipp daher: Bitte regelmäßig um eine solche Zwischenbeurteilung – und zwar aus unverdächtigen Anlässen. Das macht deinen Antrag weniger verdächtig, wenn doch ein Wechsel ansteht. Gute Anlässe gibt es immer: eine Beförderung, ein neuer Chef, der Abschluss eines großen Projekts oder ganz rhythmisch alle zwei Jahre. Legitim ist der Wunsch nach einer schriftlichen Leistungsbeurteilung auch dann, wenn keine regelmäßigen oder schon lange keine Feedbackgespräche mehr geführt wurden.

Beispiel für einen Antrag

Das Zwischenzeugnis solltest du in jedem Fall schriftlich bei deinem direkten Vorgesetzten oder in der Personalabteilung anfordern. Hierfür reicht ein formloses Schreiben, das deinen Wunsch klar auf den Punkt bringt. Beispiel:

> *„Sehr geehrter Herr Muster,*
>
> *ich möchte mich gern umfassend über meinen aktuellen Leistungsstand informieren. Deshalb bitte ich Sie darum, mir ein qualifiziertes Zwischenzeugnis auszustellen und innerhalb der nächsten vier Wochen zukommen zu lassen.*
>
> *Mit freundlichen Grüßen*
>
> ***Andreas Arbeitnehmer***

Wichtig zu wissen: Es gibt keinen gesetzlichen Anspruch auf ein Zwischenzeugnis! Den gibt es nur auf das Abschlusszeugnis am Ende des Beschäftigungsverhältnisses. Dein Arbeitgeber muss der Forderung also nicht zwingend nachkommen und kann sich im Einzelfall querstellen und weigern. Das ist ärgerlich, weil dir damit zunächst ein wichtiges Dokument für die Bewerbungen fehlt – es kann aber auch eine weitere Bestätigung sein, dass der Jobwechsel die richtige Entscheidung ist. Das richtige Abschlusszeugnis kannst du zudem auch später noch beim neuen Arbeitgeber nachreichen.

Daraus ergibt sich für dich gleich noch ein Tipp: Weil dir mit der Kündigung laut Arbeitsgesetz ein Arbeitszeugnis zusteht, solltest du dies immer zusammen mit und in deinem Kündigungsschreiben beantragen, um Zeit zu sparen. Auch hierbei solltest du ausdrücklich ein „qualifiziertes Arbeitszeugnis" anfordern. Ein Beispiel für eine genaue Formulierung sowie für ein Kündigungsschreiben findest du im letzten Kapitel.

GUT ZU WISSEN: Arbeitssuchend melden!

Was bei der Planung eines Jobwechsels oft übersehen wird: Du musst dich rechtzeitig beim Arbeitsamt als „arbeitssuchend" melden. Wer das vergisst oder erst zu spät macht, riskiert eine Sperrfrist von der Bundesagentur für Arbeit. Die Arbeitsagentur schreibt vor, dass du dich spätestens drei Monate, bevor der Arbeitsvertrag endet, arbeitssuchend melden musst. Empfohlen wird jedoch, sofort den Kontakt aufzunehmen, sobald eine Kündigung im Raum steht. Erfährst du kurzfristig von einem Jobverlust, musst du dich sogar innerhalb von drei Tagen arbeitssuchend melden.

Sichtbar werden: Professionelles Selbstmarketing

Gutes Selbstmarketing ist schon im bestehenden Job hilfreich und folgt dem Motto: „Tue Gutes und rede darüber!" Wenn du einen Jobwechsel vorbereitest, hilft es dir natürlich herzlich wenig, deinem aktuellen Chef von deinen Kompetenzen vorzuschwärmen. Vielmehr musst du nach außen hin sichtbar werden – idealerweise schon lange vor dem Wechsel. Auch das funktioniert über Selbstmarketing, richtet sich aber an eine andere Zielgruppe und gehört ebenfalls zur gründlichen Vorbereitung.

Bist du ein absoluter Experte auf deinem Gebiet und hast dir in der Branche bereits einen Ruf erarbeitet? Klasse, dann hat sich dein Name vielleicht schon herumgesprochen und du brauchst dir um deine Sichtbarkeit weniger Sorgen zu machen. Einen solchen Status haben aber nur wenige. Für die anderen gilt: Um die Chancen für eine erfolgreiche berufliche Neuorientierung zu erhöhen, solltest du frühzeitig deine Sichtbarkeit steigern und dich aus der Anonymität herauswagen. Eine gute Reputation steigert nicht nur deinen Marktwert, sondern sorgt auch für mehr und bessere Jobangebote sowie höhere Bewerbungschancen. Schließlich schaden Beziehungen nur dem, der keine hat!

Wie aber kannst du deine Reputation und Sichtbarkeit verbessern? Hierzu gibt es gleich mehrere gute und erprobte Strategien. Die meisten benötigen allerdings etwas mehr Zeit, bis sie ihre volle Wirkung entfalten. Daher an der Stelle ein weiterer Rat: Beginne noch heute damit, eine Art Eigenmarke aufzubauen. Vor allem im Internet. Das ist heute enorm einfach geworden, kostet allerdings ein wenig Zeit, Finesse und Ausdauer. Dafür lohnt es sich über die Maßen! Aufgrund meiner eigenen Sichtbarkeit musste ich mich nie wirklich bewerben – die Jobs kamen zu mir. Und für Selbstständige gilt das sogar noch mehr. Kaltakquise ist zäh, kostenintensiv und aufwendig. Eine gute Reputation wirkt dagegen wie ein Job- und Geldmagnet. Hier ein paar Anregungen, wie du dich aus der gewöhnlichen Unsichtbarkeit ins Rampenlicht manövrierst:

Besuche Fach- und Karrieremessen

Eine gute Gelegenheit, um die eigene Sichtbarkeit für die Jobsuche zu steigern und wertvolle Kontakte zu knüpfen, sind

Fach- und andere Karrieremessen. Hier kannst du ein Netzwerk innerhalb deiner Branche aufbauen, lernst spannende Persönlichkeiten kennen und tauchst auf dem Radar der Personaler auf. Mit der Anzahl der Menschen, die du kennst, steigen auch die Chancen, dass du genau den richtigen Kontakt hast. Vielleicht denkt jemand an dich, wenn woanders eine Stelle frei wird – schon hast du einen Fuß in der Tür.

Publiziere Fachbeiträge und Artikel

Durch selbst erstellte Inhalte kannst du Aufmerksamkeit generieren und dir einen Ruf als Experte erarbeiten. Schreibe zum Beispiel Fachbeiträge zu Themen deiner Branche oder über aktuelle Entwicklungen in deinem Bereich. Diese kannst du anschließend über deine Profile in den sozialen Netzwerken – allen voran LinkedIn und Xing – posten. Du kannst diese aber genauso auf Video aufnehmen, Interviews führen und diese bei Youtube, Instagram oder TikTok veröffentlichen.

Schreibe einen Fachblog

Noch einen Schritt weiter kannst du mit deinem eigenen Blog gehen: Der Aufwand ist – zugegeben – deutlich größer, weil du dort regelmäßig neue Beiträge veröffentlichen solltest, damit er erfolgreich wird. Dann aber hebt deine eigene Seite dein Selbstmarketing auf ein ganz neues Level und kann dich ein Berufsleben lang begleiten. Auch auf die Gefahr hin, dass das jetzt nach schamloser Eigenwerbung klingt: Die Karrierebibel ist das beste Beispiel dafür. Damit begonnen habe ich schon 2007 als klassischer „Sidepreneur" – also neben meinem eigentlichen Job. Es war anfangs nur ein Marketingprojekt zu meinem ersten gleichnamigen Buch. Dadurch aber kamen später nicht nur zahlreiche Jobangebote – auch meine Selbstständigkeit und heutige finanzielle Freiheit verdanke ich letztlich diesem anfänglichen Blog. Wer weiß, was bei dir daraus entstehen kann?!

Beteilige dich in beruflichen Netzwerken

Eine weitere effektive Methode, um deine Sichtbarkeit zu steigern und dich als Experte zu positionieren, sind bestehende Netzwerke – online wie offline. Finde passende Gruppen, Verbände oder Foren, in denen du dich regelmäßig engagieren kannst. Wichtig aber: Suche hier nicht zuerst den eigenen Vorteil, sondern unterstütze andere erst mit deinem Know-how und deinen Erfahrungen. Plumpe Eigenwerbung kommt hier nie gut an. Auch das Teilen von wertvollen Inhalten anderer kann deine Expertise belegen, weil du ganz offensichtlich deine Branche kennst und Top-Inhalte sofort auf dem Radar hast.

Ganz generelle Tipps zum Selbstmarketing sowie weiterführende Links findest du auf unserer Seite zusätzlich hier: https://karrierebibel.de/selbstmarketing/

Kündigen ohne Plan B

Es ist oben schon angeklungen: Im besten Fall startest du mit der Vorbereitung deines Jobwechsels noch im bestehenden Job. Das garantiert die beste Verhandlungsposition und lässt dir genug Zeit. Im Idealfall ist der Jobwechsel bereits in trockenen Tüchern, bevor du tatsächlich deinen Job kündigst. Entweder durch einen neuen Arbeitsvertrag, der von beiden Seiten unterschrieben wurde, oder durch eine verbindliche und belegbare Zusage, die dir die Beschäftigung im nächsten Job zum festgelegten Termin garantiert. Es gibt aber eben auch die anderen Fälle. Es kann durchaus gute Gründe geben, den Job sofort zu kündigen, auch wenn noch keine andere Position in Aussicht ist. Sogar dann, wenn du noch nicht einmal eine genaue Vorstellung davon hast, wie der nächste berufliche Schritt aussieht.

FUN FACT: Junge Generation kündigt häufiger ohne Plan B

Studien zeigen: Jüngere Arbeitnehmer sind eher bereit, ohne Anschlussstelle die Kündigung einzureichen und einen Arbeitsplatz aufzugeben, wenn dieser nicht zu den eigenen Vorstellungen passt oder unzufrieden macht. Ganz anders bei älteren Beschäftigten. Hier ist das Sicherheitsdenken und die Angst vor den Folgen deutlich größer. Mit steigendem Alter bevorzugen Arbeitnehmer eher, in einer Anstellung zu bleiben, bis die berufliche Zukunft geklärt ist – selbst dann, wenn längst klar ist, dass der jetzige Job nicht der richtige ist.

Wenn also zum Beispiel deine Gesundheit bereits ernsthaft durch den Job leidet, solltest du die Reißleine ziehen. Das ist vielleicht nicht ideal und möglicherweise entsteht so eine Lücke im Lebenslauf, doch die ist allemal besser, als langfristigen physischen oder psychischen Schaden zu nehmen, der dich noch Jahre begleitet und behindert. Deine Gesundheit steht immer an erster Stelle!

Dasselbe gilt, wenn deine körperliche Unversehrtheit und Sicherheit am Arbeitsplatz gefährdet ist. Der Chef nimmt es mit Vorsichtsmaßnahmen nicht so genau? Arbeitsschutz ist im Betrieb ein Fremdwort? Völlig unakzeptabel! Das sollte man zuerst ansprechen oder gar Aufsichtsbehörden (anonym) einschalten. Hilft alles nichts, solltest du so schnell wie möglich raus aus dem Job, denn jeder weitere Arbeitstag ist eine potenzielle Gefahr.

Ein ebenso triftiger Grund für die Kündigung ohne neuen Job ist, wenn du permanent ausgenutzt wirst. Manche Chefs fordern ständig mehr, als machbar ist. Jeden Tag Überstunden, zusätzliche Projekte und Mailterror am Wochenende, Aufgaben außerhalb deines Verantwortungsbereichs, zusätzlich Kollegen unterstützen ... you name it! Das geht einfach zu weit und das solltest du dir auch nicht lange gefallen lassen. Schon aus purem Selbstschutz und purer Selbstachtung. Irgendwann fordern solche Belastungen ihren Tribut (siehe Punkt „Gesundheit"). Daher: besser handeln, bevor es zu spät ist! Mit oder ohne neuen Job.

Die Option einer Kündigung ohne Plan B ist also nicht kategorisch ausgeschlossen. Sie bleibt aber wirklich nur eine Lösung für den Notfall. Sollte dieser eintreten, ist das kein Weltuntergang. Dein erster Schritt (idealerweise noch vor der Kündigung) sollte dann sein, dein direktes Umfeld einzubeziehen – also Partner, Freunde, Familie. Die können dich nicht nur emotional oder finanziell auffangen, sondern bei allen weiteren Schritten mental unterstützen und dir Rückhalt geben. Mit starken Unterstützern an deiner Seite gehst du ganz anders an die Jobsuche und Bewerbung heran.

Im zweiten Schritt solltest du dir die richtige Attitüde zulegen: Konzentriere dich nicht auf deine Ängste und rede dir nicht ein, dass du so schnell keinen neuen Job findest. Bleibe vielmehr optimistisch und besinne dich wieder auf deine Stärken und Talente (Kapitel 2). Erst recht, wenn du Initiativbewerbungen schreibst – also Bewerbungen an Unternehmen, die eine passende Stelle (noch) gar nicht ausgeschrieben haben. Mehr dazu im nächsten Kapitel. Mut und Zuversicht sind jetzt deine mächtigsten Verbündeten.

Das Wichtigste in Kürze

- Eine gute Vorbereitung ist entscheidend für den erfolgreichen Jobwechsel. Unüberlegte Karriereschritte führen nur selten ans gewünschte Ziel.
- Zur Vorbereitung gehört ein solider zeitlicher und finanzieller Rahmen für die Neuorientierung. Wenn du selber kündigst, droht eine dreimonatige Sperre beim Arbeitslosengeld. Kalkuliere mit einer Phase der Arbeitslosigkeit, im Schnitt dauert diese drei Monate bei einem Jobwechsel. Überlege dir vorher, wie lange du mit deinen finanziellen Rücklagen auskommst, bevor es zu Problemen kommt.
- Bei deinem Arbeitgeber solltest du rechtzeitig ein Zwischenzeugnis beantragen, um es später für die Bewerbungen zu nutzen. Allerdings gibt es keinen Anspruch darauf und der Chef könnte vermuten, dass du wechseln willst.
- Gutes Selbstmarketing ist ein wichtiger Schlüssel für einen erfolgreichen Arbeitgeberwechsel und gehört unbedingt zu deiner Vorbereitung. Indem du sichtbarer wirst, erhöhst du nicht nur die Chancen auf eine neue Position – die guten Jobs kommen auch direkt zu dir. Viele Strategien dazu benötigen allerdings etwas Vorlauf. Beginne daher am besten noch heute damit, eine Eigenmarke zu etablieren.
- Idealerweise hast du bereits einen neuen Job sicher, bevor du kündigst. Damit umgehst du viele Risiken und finanzielle Einbußen. Gleichzeitig gibt es gute Gründe, auch ohne Plan B sofort zu kündigen. In dem Fall sichere dir rechtzeitig die Unter-

stützung von Familie und Freunden und fokussiere dich auf deine Stärken und Talente. Betrachte deinen Notausstieg nicht als Handicap, sondern als längst überfälligen Karrieresprung.

Kapitel 5

JOBSUCHE

Wir sind jetzt in der Phase angekommen, vor der sich viele Wechselwillige besonders fürchten: die eigentliche Jobsuche. Der alte Job ist gedanklich Geschichte, der neue noch nicht gefunden. Das ist der Normalfall bei den meisten Wechslern. Und gut für dich: Es gab noch nie so viele wertvolle und zielgerichtete Optionen, nach einem neuen Job zu suchen, wie heute. Neben klassischen Stellenangeboten in Jobbörsen, im Internet und in gedruckten Zeitungen (ja, die gibt es immer noch!), bleibt dir zur aktiven Jobsuche auch die sogenannte passive Jobsuche. All das behandeln wir jetzt Schritt für Schritt in diesem Kapitel – zugleich zeige ich dir, wie du unter den vielen Stellenofferten die wirklich relevanten herausfiltern und beurteilen sowie prüfen kannst, ob es sich tatsächlich um ein gutes Angebot bei einem passenden Arbeitgeber handelt.

Wo finde ich passende Stellen?

Die Jobsuche kann schon mal richtig aufwendig werden und deshalb einschüchternd wirken. Was zu Beginn helfen kann, ist ein klarer Plan, was genau du wann erledigen möchtest. Das gibt deinem Vorgehen eine bessere Struktur und zeigt dir, worum du dich gerade kümmern solltest. Auch bekommt die Jobsuche so einen ersten zeitlichen Rahmen. Hier halte ich das gern ganz pragmatisch: Nimm dir einen Wochenplan, blocke darin täglich einen festen Zeitraum von ein paar Stunden – und dann hältst du dich konsequent daran. Zum Beispiel: Montag von 9 bis 11 Uhr Stellensuche in Jobbörsen; Dienstag 8 bis 12 Uhr Bewerbungen schreiben; Mittwoch 8 bis 9 Uhr Auswertung der Rückläufe … und so weiter. Mache also einen richtigen Stundenplan, den du in deinen Alltag integrieren kannst.

Und weil wir gerade dabei sind, lass uns mit der konkreten Suche nach ausgeschriebenen Stellen beginnen. Wir suchen gezielt nach potenziellen Jobs, die zu deinem Profil, deinen Qualifikationen und Stärken und natürlich zu deinen (neuen) beruflichen Zielen passen. Für diese erste Suche hast du gleich fünf potenzielle Quellen zur Auswahl:

Bundesagentur für Arbeit

Ja, klingt erst mal boring. Fälschlicherweise denken viele bei der Arbeitsagentur nur an Arbeitslosigkeit und das ALG. Dabei ist sie ebenso eine gute Anlaufstelle zur Jobsuche. Mit weit über einer Million ausgeschriebenen Stellen ist das Portal der Arbeitsagentur eine der größten Jobbörsen in Deutschland. Ganz ohne Anmeldung kannst du dort nach freien Stellen in deiner Nähe oder im gesamten Bundesgebiet suchen. Wenn du zusätzlich ein Benutzerkonto erstellst, kannst du dich anschließend damit sogar gleich auf eine freie Position bewerben. Praktisch! Und wünschst du dir mehr Unterstützung bei der Suche, kannst du dort auch ein persönliches Gespräch mit einem Berater der Bundesagentur vereinbaren. In diesem könnt ihr deine Ziele und Optionen besprechen und gemeinsam konkrete Stellenangebote suchen.

Jobbörsen im Internet

Neben der Bundesagentur bleiben dir weit über 100 unterschiedliche Online-Jobbörsen, in denen du nach geeigneten Positionen suchen kannst. Dabei unterscheiden Profis zwischen den allgemeinen Jobbörsen (sogenannte Generalisten), in denen freie Stellen aus allen Branchen und Berufen ausgeschrieben werden. Dazu gehören zum Beispiel StepStone, Jobware, Monster, Stellenanzeigen.de und natürlich auch unsere eigene Jobbörse „Karrieresprung.de".

Auf der anderen Seite gibt es spezielle Bewerber- und branchenspezifische Jobbörsen (sogenannte Spezialisten), die sich an eine kleinere, aber klar definierte Zielgruppe richten. Hierzu zählen beispielsweise Akademiker.Jobs (für Uni-Absolventen), Bankjob (für Banker) oder Hotelcareer (für Jobs in Hotel und Gastronomie). Eine Übersicht der 50 besten Online-Jobbörsen findest du wieder auf der Karrierebibel unter: https://karrierebibel.de/jobboersen-uebersicht/

Jobbörsen: Generalisten vs. Spezialisten

	Generalisten	Spezialisten
Reichweite	Hohe Reichweite, aber Streuverluste	Kleinere Reichweite, weniger Streuverluste
Zielgruppe	Alle Jobsuchenden	Bewerber bestimmter Branchen oder Berufe
Nutzerzufriedenheit	Hoch	Hoch
Besucher / Monat	59,9 Millionen	24,5 Millionen
Stellenanzeigen / Monat	20,6 Millionen	50,0 Millionen

Gern genutzt werden auch sogenannte Meta-Jobbörsen (zum Beispiel: Indeed oder Kimeta). Diese haben keine eigene Datenbank mit Jobangeboten, sondern durchsuchen alle anderen Jobbörsen und das Internet nach freien Stellen. Sie finden also auch Stellenangebote, die die Unternehmen nur auf ihren eigenen Unternehmensseiten ausschreiben. Die Ergebnisse werden entsprechend gefiltert und angezeigt.

Alle diese Varianten haben Vor- und Nachteile. Eine pauschal beste Online-Jobbörse gibt es nicht. Möchtest du eine möglichst große Auswahl an Jobangeboten? Dann sind Meta-Jobbörsen eine gute Wahl. Suchst du nach einem Job in einer ganz bestimmten Branche? Dann empfiehlt sich eine Spezialisten-Jobbörse für diesen Bereich. Probiere verschiedene Optionen aus oder kombiniere bei deiner Jobsuche unterschiedliche Anbieter, um das beste Ergebnis zu erzielen.

GUT ZU WISSEN: Richtige Keywords nutzen

Bei der Online-Jobsuche ist es wichtig, die richtigen Berufsbezeichnungen und Keywords zu verwenden. Nur so findest du tatsächlich passende Positionen. Das kann der exakte Jobtitel sein. Je nach Unternehmen können diese Namen intern aber anders heißen. Der Klassiker: Der Hausmeister heißt jetzt „Facility Manager". Die größte Treffsicherheit bei der Suche in Jobbörsen hast du, wenn du nach der offiziellen Berufsbezeichnung oder dem anerkannten Titel der beruflichen Ausbildung suchst. Unter diesen Keywords werden die meisten Jobangebote gelistet.

Stellenanzeigen in lokalen Zeitungen

Ja, die riechen schon nach Staub und Druckerschwärze. Bei deiner Jobsuche solltest du die Ausschreibungen dort dennoch nicht ignorieren. Gerade kleinere und ortsansässige Arbeitgeber inserieren in den Lokalblättchen. Die Auswahl ist natürlich deutlich geringer als bei den Online-Jobbörsen, dafür ist die

Konkurrenz der Mitbewerber im besten Fall kleiner, wenn die Stelle zuerst lokal ausgeschrieben oder gar nicht in anderen Jobbörsen veröffentlicht wird. Als Ergänzung zu den üblichen Portalen ist die Tageszeitung oder das kostenlose Wochenblättchen auf jeden Fall einen Blick wert. Insbesondere wenn du auf der Suche nach einem Job direkt in deiner Nähe bist. Für die gezielte regionale Suche kann diese Option ein Vorteil sein.

Karriereseiten von Unternehmen

Du hast bereits einen Wunscharbeitgeber ins Visier genommen oder kennst einige große Zielunternehmen in deiner Wunschbranche? Dann solltest du deine Jobsuche auf die Karriereseiten dieser Firmen ausweiten. Auf ihren Homepages veröffentlichen viele Betriebe inzwischen ebenfalls freie Stellen – oft noch mit Zusatzinformationen zu den gewünschten Bewerbungsunterlagen oder ob eine Initiativbewerbung willkommen ist. Falls du noch auf der Suche nach Unternehmen aus deinem Bereich bist, kannst du vorher in Branchenverzeichnissen nachschauen. In diesen Nachschlagewerken sind alle Arbeitgeber einer Branche gelistet – so lassen sich auch unbekannte Unternehmen finden, die trotzdem hervorragende Arbeitgeber mit guten Chancen sein können.

Neben den Karriereseiten solltest du dich zusätzlich auf den Social-Media-Kanälen der Unternehmen umsehen. Das ist übrigens einer meiner Geheimtipps: Auch hier werden zwar Informationen über Jobangebote sowie spannende Einblicke in die Unternehmensphilosophie und Berufsprofile gepostet. Der Trick ist aber: Auf Facebook und Co triffst du in der Regel nicht auf HR-Manager, sondern auf die Social-Media-Manager des Unternehmens. Und die sind sich der Außenwirkung von solchen Anfragen meist viel bewusster und achten auf eine positive Arbeitgebermarke (Fachbegriff: Employer Branding). Der Effekt ist: Sie kümmern sich intern darum, dass deine Jobanfrage wirklich zufriedenstellend beantwortet wird. Außerdem haben sie als Kollegen einen direkten Zugang zur Personalabteilung. Die Antworten kommen dadurch schneller und sind oft auch wohlwollender.

Job- und Karrieremessen

Die Jobsuche funktioniert nicht nur von zu Hause aus. Auf den weiter vorn schon angesprochenen Job- und Karrieremessen kannst du nicht nur deine Sichtbarkeit erhöhen, sondern auch direkten Kontakt zu Arbeitgebern aufbauen. Viele Betriebe stellen sich auf diesen Veranstaltungen vor, präsentieren die Karrieremöglichkeiten und Jobangebote. Und der persönliche Kontakt kann für deine weitere Bewerbung sogar ein Pluspunkt sein, auf den du dich in deinem Anschreiben beziehen kannst. Teilweise ist es sogar möglich, auf der Jobmesse die Bewerbungsunterlagen gleich mitzubringen und beim jeweiligen Unternehmen abzugeben.

FUN FACT: Jobsuche für Studierende

Speziell für die Jobsuche von Studenten eignen sich sogenannte Career Days, bei denen sich potenzielle Arbeitgeber direkt auf dem Campus vorstellen. Sie suchen dann vor allem nach Studierenden, die kurz vor dem Abschluss stehen. Solche Events finden in der Regel jedes Semester an den Universitäten statt und werden im Vorfeld beworben. Alternativ kannst du dich auch an den Career Service deiner Uni oder deines Fachbereichs wenden. Dort erhältst du persönliche Beratung sowie Informationen für die Jobsuche als Absolvent. An einigen Unis werden sogar Bewerbungscoachings und Workshops oder Webinare rund um die Jobsuche angeboten.

Mehr als 90 kostenlose Ratgeber, über 100.000 aktuelle Stellenangebote sowie viele Checklisten und Tipps für versteckte Stellenangebote findest du in unserer Rubrik „Jobsuche" auf der Karrierebibel-Website. Nutze gern unsere zahlreichen Erfolgs-Tools und Links, um dir langes Suchen zu ersparen:
https://karrierebibel.de/jobsuche/

Traumjobs finden im verdeckten Stellenmarkt

Alle erwähnten Quellen haben eines gemeinsam: Sie zielen auf den öffentlichen Stellenmarkt. Stellen werden hier ganz offiziell ausgeschrieben und besetzt. Was aber viele nicht wissen: Laut Studien des Instituts für Arbeitsmarktforschung ist dies der deutlich kleinere Arbeitsmarkt. Gerade einmal rund ein Drittel der freien Stellen landen wirklich auf dem freien Stellenmarkt. Der Löwenanteil von rund zwei Dritteln aller offenen Positionen wird über den sogenannten verdeckten Stellenmarkt besetzt.

Der verdeckte Arbeitsmarkt umfasst zwei Drittel aller offenen Stellen

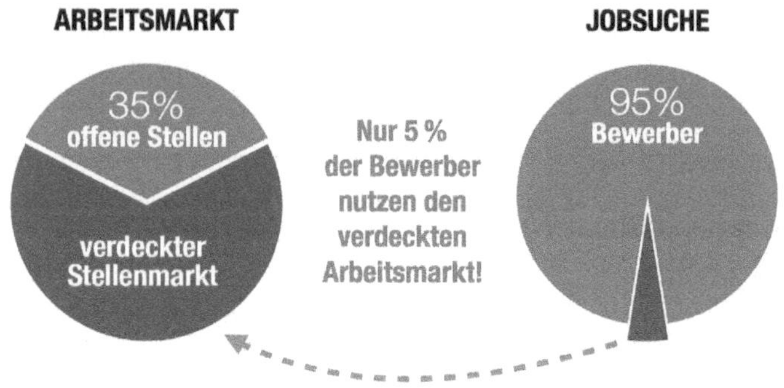

Der Großteil der verfügbaren Jobs wird also gar nicht erst ausgeschrieben, sondern durch Kontakte, Empfehlungen und damit unter der Hand vergeben. Klingt unfair, ist aber in Wahrheit eine riesige Chance für dich. Denn während sich 95 Prozent der Bewerber auf den kleinen Teil der offen ausgeschriebenen Stellen konzentrieren, bewerben sich gerade einmal rund fünf Prozent auf dem verdeckten Stellenmarkt. Die Konkurrenz ist hier also um ein Vielfaches geringer, die Anzahl der Jobs dafür gut doppelt so groß.

Wenn es aber gar keine Ausschreibung gibt: Wie bewirbt man sich da? Wie kannst du diesen „verdeckten" Stellenmarkt für deinen Jobwechsel nutzen? Gute Frage. Und die Antwort blitzte hier und da ebenfalls schon auf: indem du von deinen Kontakten, deinem Netzwerk und deiner Sichtbarkeit profitierst, also gefunden oder empfohlen wirst. Oder durch eine zweite geniale Option, die meiner Meinung nach noch immer – völlig zu Unrecht – von Bewerberinnen und Bewerbern stiefmütterlich behandelt wird: die sogenannte Initiativbewerbung.

Mit der Initiativbewerbung zum Traumjob

Bei der Blind- beziehungsweise Initiativbewerbung liegt keine konkrete Stellenanzeige vor, auf die du dich bewerben könntest. Du weißt nicht einmal genau, ob im Unternehmen gerade eine solche passende Position existiert oder neu besetzt werden soll. Trotzdem reichst du deine Bewerbungsunterlagen ein und kannst so in den Pool möglicher Kandidaten rutschen – und zwar BEVOR die offiziellen Bewerber in Massen kommen. Selbst wenn es gerade keine vakanten Stellen gibt, werden deine Informationen in der Regel aufmerksam gelesen und für später gespeichert (natürlich nur mit deinem Einverständnis). Wird dann eine passende Stelle frei, kommt die Personalabteilung vielleicht auf dich zurück – noch bevor der Job offiziell ausgeschrieben wird.

Profis unterscheiden hierbei noch mal zwischen Blind- und Initiativbewerbung. Beide Formen ähneln sich stark. Der entscheidende Unterschied ist: Bei der Initiativbewerbung kennst du zumindest einen Ansprechpartner im Unternehmen oder in der Personalabteilung. Entweder weil du sie oder ihn auf der Jobmesse kennengelernt oder den Kontakt über LinkedIn bekommen hast. An diese Person wird die Bewerbung später auch namentlich adressiert. Die Blindbewerbung hingegen ist ein kompletter Schuss ins Blaue. Sie enthält deshalb keine persönliche Anrede, sondern nur die allgemeine Variante „Sehr geehrte Damen und Herren". Meist ist die Initiativbewerbung erfolgreicher, weil du sie persönlicher und zielgerichteter aufbauen und schreiben kannst. Gerade den vorangegangenen persönlichen Kontakt kannst du als Einstieg nutzen, um eine stärkere Verbindung aufzubauen.

Für beide Varianten werden in der Regel sogenannte Kurzbewerbungen verschickt. Bedeutet: Du versendest keine vollständigen Unterlagen, sondern eine reduzierte Bewerbung, bestehend aus Anschreiben und tabellarischem Lebenslauf. Weitere Unterlagen werden dann erst auf Nachfrage des Unternehmens nachgereicht.

Für Unternehmen ist die Initiativbewerbung eine schnelle und günstige Option, um frei werdende Stellen ad hoc zu besetzen, wenn dein Profil passt. Für dich ist es wiederum die Chance, um an einen Job zu kommen, den andere nicht mal kennen. Ich habe auch schon erlebt, dass Unternehmen eine Stelle extra für einen Initiativbewerber geschaffen haben, weil sie das Talent unbedingt engagieren wollten. Einziger Nachteil dieser Strategie: Es gibt keine Garantie, dass in deinem Zielunternehmen gerade ein passender Job frei ist oder in naher Zukunft entsteht. Aber was hast du schon zu verlieren? In Anlehnung an den Buchtitel meines Freundes Martin Limbeck: „Nicht eingestellt hat dich die Firma schon."

Jobsuche per passiver Bewerbung

Neben all diesen doch recht arbeitsintensiven und aktiven Wegen, nach einem neuen Job zu suchen, gibt es noch eine völlig neue und moderne Variante: die passive Bewerbung. Bei dieser Form versuchst du nicht selbst (aktiv) den perfekten Job zu finden, sondern lässt dich (passiv) von einem geeigneten Arbeitgeber finden. Du reichst also nicht zuerst und von dir aus irgendwo deine Bewerbungsunterlagen ein, sondern wartest darauf, dass Unternehmen auf dich aufmerksam werden und dich mit einem Angebot kontaktieren.

Möglich machen das gleich zwei jüngere Entwicklungen auf dem Arbeitsmarkt: Zum einen wächst seit Jahren der Fachkräftemangel in den Unternehmen. Das gilt zwar nicht für alle Branchen und Berufe gleichermaßen, aber insgesamt schon. In den Medien wird daher schon von einem Wandel von der Arbeitslosigkeit zur „Arbeiterlosigkeit“ gesprochen. Hinzu kommt die demografische Veränderung unserer Gesellschaft. Salopp formuliert: Die Alten werden mehr, die Jüngeren zur Mangelware. Deutschland ist längst ein Zuwanderungsland für Fachkräfte, die hier händeringend gesucht werden.

Die zweite Entwicklung ist – ganz banal – die Digitalisierung. In ihrer Not müssen viele Recruiter selbst auf die Jagd nach Talenten gehen, weil sich nicht mehr genug Kandidaten bei ihnen bewerben. Oder weil den Laden niemand kennt. Und sie können das heute kinderleicht im Internet und in den sozialen Netzen. Wieder ganz vorn dabei: LinkedIn und Xing. In der Fachsprache wird diese Online-Fachkräftesuche auch „Active Sourcing“ genannt.

Jetzt muss man dazu sagen, dass das Internet ja nun wirklich keine neue Erfindung mehr ist. Aber die HR-Zunft ist, nun ja, eine auffällig konservative und es hat einfach eine Weile gedauert, bis diese ihr Kopf.www überwunden und die Chancen darin entdeckt und genutzt hat. Gleichzeitig muss ich dir sagen, dass der schnittige Begriff „passive Jobsuche“ ein wenig irreführend ist. So ganz ohne anfänglichen Aufwand funktioniert sie nämlich doch nicht. Um gefunden werden zu können, musst du auch hierbei sichtbarer werden, vor allem im Internet. Anschließend gilt es, die Aufmerksamkeit von Personalentscheidern in deinen Zielunternehmen zu gewinnen. Einerseits subtil, aber so richtig passiv gelingt dies eben nicht. Nichts tun und hoffen, dass einem der Top-Job in den Schoß fällt, klappt leider nicht. Du brauchst hierfür immer ein aussagekräftiges und regelmäßig gepflegtes Online-Profil plus starke (auffällige) Inhalte zur Positionierung. Wie das gelingt, kommt jetzt …

Online-Profile für die passive Jobsuche

Zu den wichtigsten Werkzeugen der passiven Jobsuche zählt deine Online-Präsenz. Das umfasst Profile auf beruflichen Plattformen wie LinkedIn oder Xing. Diese müssen aktuell und vor allem aktiv sein. Heißt: Ein Account, in den du dich das letzte Mal vor zwei Jahren eingeloggt hast, hilft dir garantiert nicht dabei, gefunden zu werden. Im Gegenteil: Solch ein digitaler Auftritt wirkt eher unprofessionell und kann den Jobchancen sogar schaden. Ein vollständiges, seriöses und regelmäßig aktualisiertes Profil mit vielen Interaktionen spricht eine andere Sprache.

Parallel dazu benötigst du noch ein vollständiges Profil in sogenannten Lebenslauf- oder Bewerberdatenbanken. Bei fast allen großen Jobbörsen – auch bei der Bundesagentur für Arbeit – kannst du relevante Informationen zu dir, deinem Werdegang sowie deinen Lebenslauf als PDF in einem eigenen Bewerberprofil hochladen und abspeichern. Diese Datenbanken können Recruiter dann nach passenden Talenten durchsuchen.

Solche Bewerberprofile funktionieren also wie eine klassische Jobsuche, nur umgekehrt: Nicht der Bewerber sucht nach einer freien Stelle, sondern Personalverantwortliche durchsuchen die Datenbank nach dem gewünschten Mitarbeiter. Diese Methode wird seit vielen Jahren immer wichtiger und hat sich mittlerweile zu einem echten Trend entwickelt. Und sie hat große Vorteile – für beide Seiten.

Vorteile für Bewerber

- **Kosten**
  Registrieren, Erstellen eines Profils und die vollständige Nutzung einer Bewerberdatenbank ist für Jobsuchende in der Regel völlig kostenlos. Oft kannst du

mit nur einem einzelnen Klick entscheiden, ob du dort gefunden werden möchtest oder das Profil Recruitern nicht mehr angezeigt wird.

- **Aufwand**
  Einmal ausgefüllt und gespeichert, ist das Pflegen deines Bewerberprofils nur noch mit geringem Aufwand verbunden. Du musst es zwar vollständig erstellen und bei Änderungen aktualisieren. Im Vergleich zu unzähligen individuellen Bewerbungsschreiben bei der aktiven Jobsuche ist die Arbeit aber überschaubar.

- **Relevanz**
  Durch ein detailliertes und aussagekräftiges Profil erhältst du nur passgenaue Jobangebote, die gut zu deinen Fähigkeiten und deinen Vorstellungen passen.

- **Arbeitsmarkt**
  Mittels Bewerberprofil agierst du auf dem verdeckten Stellenmarkt. Oft suchen Unternehmen in diesen Datenbanken schon nach Kandidaten, bevor die Stelle ausgeschrieben wird. Das erhöht deine Chancen erheblich.

- **Marktwert**
  Selbst wenn du nicht sofort wechseln möchtest oder ein Angebot nicht passt, kannst du über die Datenbank deinen aktuellen Marktwert testen. Das hilft dir bei späteren Gehaltsverhandlungen und zeigt dir, welche Nachfrage auf dem Arbeitsmarkt für dein Profil besteht.

Vorteile für Personaler und Unternehmen

- **Zeitersparnis**
  Recruiter können beim Active Sourcing eine Menge Zeit sparen. Es muss nicht erst eine Stellenanzeige geschaltet und auf Unterlagen gewartet werden, die wiederum gesichtet werden müssen, bevor persönliche Gespräche geführt werden. Stattdessen wird der geeignete Kandidat direkt angeschrieben. Gerade bei kurzfristigen Besetzungen ein großer Vorteil.

- **Kosten**
  Für Unternehmen und Recruiter fallen bei Bewerberdatenbanken Kosten an – diese sind aber oft günstiger als Stellenanzeigen. Außerdem fällt großer Arbeitsaufwand durch das Vorselektieren von Bewerbungen weg, was die Arbeitskosten reduziert.

GUT ZU WISSEN: Passive Strategie ist nur Ergänzung!

Trotz der genannten Vorteile und der steigenden Relevanz der passiven Bewerbung bleibt sie nur eine Ergänzung zur eingangs genannten Jobsuche! Sie ist kein Ersatz. Erst indem du beide Varianten nutzt, schöpfst du das volle Potenzial aus und maximierst deine Bewerbungschancen.

Berufliche Kontakte aktivieren

Die Bedeutung von Kontakten kann man gar nicht oft genug erwähnen. Nicht nur auf dem verdeckten Stellenmarkt haben sie einen gravierenden Einfluss – auch bei der späteren Karriere helfen Beziehungen massiv. Das sprichwörtliche Vitamin B ist eine Art Dietrich und Universalschlüssel für jeden beruflichen Erfolg. Und eine der wichtigsten Grundregeln für das erfolgreiche Netzwerken lautet: „Knüpfe die Kontakte, wenn du sie nicht brauchst, um davon zu profitieren, wenn du sie brauchst!" Idealerweise hast du also schon in der Vergangenheit immer wieder Beziehungen in deinem Beruf oder in deiner Branche aufgebaut und gepflegt, auf die du nun zurückgreifen kannst.

Was du dabei aber bitte nicht tust, ist, gleich mit der Tür ins Haus zu fallen, Motto: „Haste mal 'nen Job für mich?!" Extrem unelegant. Das gilt erst recht, wenn du bisher nur selten oder unregelmäßig den Austausch gesucht hast. Solche „kalten" Kontakte muss man erst einmal wieder anwärmen und aktivieren.

Auch hierbei gilt die Regel: Erst geben, dann nehmen! Also wärme deine Kontakte behutsam auf, indem du echtes Interesse an den Menschen zeigst. Frag nach dem neusten Stand ihrer Entwicklung oder ob du sie dabei unterstützen kannst. Ebenfalls clever: Erzähle ein bisschen von dir, deiner Situation und bitte um einen Rat. Der ist unverbindlich und schmeichelt jeder Eitelkeit. Schließlich sagst du damit indirekt: „Ich halte dich für so kompetent und bedeutsam, dass ich dich als Ratgeber ausgewählt habe." Was für ein Kompliment, dem kaum ein Ego widerstehen kann!

Mehr noch: Im Anschluss wirkt gleich noch der sogenannte Benjamin-Franklin-Effekt. Der geht tatsächlich auf den ehemaligen US-Präsidenten zurück und besagt: Wenn wir jemanden überreden können, uns einen Rat zu geben oder einen Gefallen zu tun, werden wir dieser Person prompt sympathischer. Irre, oder?! Zählt aber in der Verkaufspsychologie längst zu einer der meistgenutzten und stärksten Manipulationstechniken. Warum wohl sonst gibt es im Supermarkt oder Internet so viele „Freebies“ – also Gratisgeschenke, bevor es zum eigentlichen Verkaufsgespräch kommt?! Wer seine Bekanntschaften auf diese Weise aktiviert, tut sich anschließend wesentlich leichter, mit viel Fingerspitzengefühl (!) auf den eigenen Wechselwunsch hinzuwirken und vielleicht noch mehr Hilfe zu bekommen.

FUN FACT: Kontakte dritten Grades helfen mehr

Studien zeigen, dass der Erfolg bei der Jobsuche vor allem von den indirekten Kontakten abhängt. Nicht die direkten Kontakte sorgen für den Durchbruch beim Jobwechsel, sondern die weiter verzweigten: der Freund eines Freundes eines Freundes ... Durch jede Person dritten Grades in deinem Netzwerk steigt der Nutzen um ein Vielfaches. Diesen Netzwerkeffekt kannst du sogar forcieren, indem du gezielt danach fragst: „Vielleicht kennst du ja noch jemanden in deinem Umfeld, bei dem gerade ein Job frei wird ...“

Stellenanzeigen beurteilen

Passende Stellenanzeigen zu finden oder Angebote zu bekommen, ist nur die halbe Miete. Du musst diese auch noch beurteilen, auswählen und entscheiden: Welche davon passt wirklich zu mir? Gar nicht so leicht. Schließlich stellt sich jeder potenzielle Arbeitgeber erst mal in bestem Licht mit ordentlich Weichzeichner dar.

Hier zahlt sich wieder unsere gründliche Vorarbeit aus. Du hast ja bereits dank der ersten Kapitel eine detaillierte Liste mit für dich passenden Auswahlkriterien erstellt. Die holen wir jetzt wieder hervor und nutzen sie bei der Beurteilung der Stellenangebote. Neben diesen persönlichen Wahlkriterien von dir gibt es noch ein paar ganz allgemeine, auf die du achten kannst.

Die folgende Liste enthält noch keine Wertung, die Reihenfolge der Punkte solltest daher du für dich (am besten mit Rangzahlen im Buch) noch einmal individuell priorisieren und gewichten. Danach kannst du sie wie eine Checkliste zur Bewertung des jeweiligen Stellenangebots nutzen: Für jedes erfüllte Kriterium gibt's einen Punkt. Am Ende bewirbst du dich auf die Jobs mit den meisten Punkten zuerst und mit dem größten Engagement:

- *Nähe zum Wohnort?*
- *Nähe zum bisherigen (erlernten) Beruf?*
- *Gutes Gehalt + weitere Vergütungen?*
- *Gewünschte Verantwortung?*
- *Hohe Autonomie?*
- *Aufstiegschancen gegeben?*
- *Vereinbarkeit mit der Familie?*
- *Arbeit erfüllt einen Sinn?*
- *Job zahlt auf Berufsziele ein?*
- *Gesellschaftliche Relevanz?*
- *Persönliche Entwicklung möglich?*
- *Positives Arbeitsumfeld und nette Kollegen?*
- *Sicherheit des neuen Arbeitsplatzes?*

Noch klarer wird die Auswahl der Angebote, wenn du die bereits priorisierte Liste ergänzt und auf ein gesondertes Blatt überträgst. Anschließend ziehst du an einer individuellen Stelle einen Querstrich mitten durch die Liste: Alles, was oberhalb davon steht, ist für dich nicht verhandelbar. Wer diese Kriterien nicht erfüllt, ist raus. Knallhart. Alle Kriterien darunter sind für dich wünschenswert, aber auch kompromissfähig. Heißt: Sie sind durch einen anderen relevanten Faktor auszugleichen und damit verhandelbar. Wer also beispielsweise wegen der Familie oder Kinder partout die Nähe zu seinem Wohnort sucht und nicht umziehen kann oder nicht länger als 30 Minuten täglich pendeln will, sollte alles streichen, was weiter als 50 Kilometer entfernt liegt.

Grundsätzlich gilt: Halte an deinen Kriterien zur Beurteilung von Stellenanzeigen fest. Es gab ja einen guten Grund dafür. Das gilt auch dann, wenn die Jobsuche länger dauert und sich der angestrebte Job nicht so schnell einfindet wie erhofft. Wenn du aus Frust oder Ungeduld deine Prioritäten verwirfst, landest du nur in einem Beschäftigungsverhältnis, das nicht zu deinen Jobzielen passt. Dann hast du zwar kurzfristig einen neuen Job, stehst aber bald vor dem nächsten Jobwechsel und hast am Ende noch viel mehr Zeit verloren.

Gute Arbeitgeber erkennen

Dieser Abschnitt ist zwar in der Abfolge beim Jobwechsel seiner Zeit etwas voraus, passt aber dennoch gut zum Thema: Nicht nur Stellenanzeigen, auch spätere Arbeitgeber sollten eingehend beurteilt und eingeschätzt werden. Von der ersten Euphorie, dass du ein tolles Angebot bekommen hast, solltest du dich nicht blenden lassen. So manche Stelle, die dich anfangs mit einem roten Teppich und einem goldenen Tor lockt, versprüht hernach den matten Glanz einer Zinnkanne. Und mancher Job entpuppt sich sogar als regelrechte Mogelpackung. Bevor du irgendetwas unterschreibst, solltest du dir sicher sein, dass das Jobangebot und der Arbeitgeber halten, was sie versprechen. Sicher, auch hier ist gegen kriminelle Energie kein Kraut gewachsen. Aber zumindest auf ein paar sachliche Indizien und formelle Bedingungen im Jobangebot solltest du achten:

Probezeit

Die Probezeit ist gesetzlich keine Pflicht, muss also nicht vereinbart werden. Sie bietet aber die Chance, die Zusammenarbeit zu testen und herauszufinden, ob es passt – für beide Seiten. Länger als sechs Monate sind dabei nicht erlaubt.

Gehalt

Die Bezahlung muss stimmen. Wird dir ein fairer Lohn für deine Arbeit angeboten, der deinem Marktwert entspricht und zur üblichen Bezahlung in der Branche passt? Falls nicht, kann das ein Warnzeichen sein.

Arbeitszeit

Wie lange ist die wöchentliche Arbeitszeit und wie flexibel kann diese gestaltet werden? Achte auch darauf, ob du am Wochenende arbeiten musst oder ob die tägliche Arbeitszeit vom Unternehmen angepasst werden kann. Ebenso wichtig sind Regelungen zu Überstunden und wie diese bezahlt oder ausgeglichen werden.

Arbeitsort

Das Jobangebot sollte klar den Arbeitsort benennen. Prüfe unbedingt, ob eine mögliche Versetzung zu anderen Standorten vereinbart wird. Wenn du einer solchen Regelung zustimmst, kann dich der Chef innerhalb Deutschlands mal eben in einem anderen Geschäft einsetzen.

Urlaub

Bei einer 5-Tage-Woche stehen dir mindestens 20 Tage gesetzlicher Urlaubsanspruch zu, bei einer 6-Tage-Woche sind es sogar 24 Tage. Unternehmen können dir aber auch mehr freie Tage geben.

Achte auf diese Warnzeichen

Im Verlauf der Jobsuche und mit dem Fortschreiten des Bewerbungsprozesses erhältst du immer mehr Informationen über den potenziellen Arbeitgeber. Zusätzlich kannst du im Internet recherchieren – zum Beispiel auf Arbeitgeber-Bewertungsplattformen wie Kununu und Glassdor. Innerhalb dieses Prozesses kannst und solltest du dir jedes Mal Bedenkzeit nehmen. Lehnt ein potenzieller Arbeitgeber das ab und drängt dich dazu, sofort eine Entscheidung zu treffen oder zu unterschreiben, solltest du hellhörig werden. Das ist hochgradig unseriös und mit großer Wahrscheinlichkeit stimmt hier etwas nicht. Daneben kenne ich aus meiner täglichen Praxis noch weitere Warnsignale, die eher gegen einen Job und Arbeitgeber sprechen:

- *Es werden unrealistisch gute Arbeitsbedingungen versprochen.*
- *Im Jobinterview macht man dir unzählige Versprechungen – schriftliche Zusagen werden aber nie gemacht.*
- *Der Arbeitsvertrag weicht deutlich von dem ab, was besprochen und verhandelt wurde.*

- *Die Stellen- und Aufgabenbeschreibung im Vertrag unterscheidet sich extrem von der Stellenausschreibung. Im Extremfall ist es ein völlig anderer Job.*
- *Im Vertrag steht eine Befristung, obwohl vorher von einer unbefristeten Stelle die Rede war.*
- *Du bekommst keinen Ansprechpartner für Rückfragen, sondern wirst immer nur auf einen späteren Zeitpunkt vertröstet.*
- *Es gibt keine Antwort darauf, warum die Stelle vakant ist und wie viele Vorgänger es in der Position schon gab.*

GUT ZU WISSEN: Stimmt der Umgang im Auswahlprozess?

Der Auswahlprozess ist kein einseitiger Vorgang und sollte von Kandidaten auch nicht als solcher betrachtet werden. Besonders wichtig, um den Arbeitgeber und eine mögliche Zusammenarbeit zu beurteilen: Wie behandelt man dich? Wie kommuniziert die Personalabteilung mit Bewerbern? Auf Augenhöhe oder von oben herab? Wie wirst du persönlich begrüßt? Wie ist die Atmosphäre im Vorstellungsgespräch? Und ganz wichtig: Wie interagieren die Kollegen untereinander, wenn du einen Einblick in den Arbeitsalltag bekommst? Zwischen den Zeilen erfährst du viel über die wahre Unternehmenskultur.

Wie viel Gehalt kann ich verlangen?

Über Geld spricht man nicht? Falsch! Es ist sogar absolut notwendig, darüber zu reden und sich schon während der Vorbereitungsphase gründliche Gedanken zu machen. Spätestens im Vorstellungsgespräch wird man dich nach deinen Gehaltsvorstellungen fragen. Oft ist es sogar erwünscht, diese schon im Bewerbungsschreiben zu nennen. Du tust gut daran, deinen aktuellen Marktwert genau zu kennen und vorab zu recherchieren, wie viel du in dieser Position, in dieser Branche und Region mit deinem bisherigen Werdegang und Qualifikationen verlangen kannst. Das sage ich dir auch aus der Erfahrung meiner zahlreichen Gehaltscoachings: Wer seinen Wert kennt und das Eröffnungsangebot macht, landet signifikant öfter bei seinen Vorstellungen, als wenn du die erste Zahl deinem Gegenüber überlässt. Das ist taktisch und psychologisch unklug. Denn was hier wirkt, ist der sogenannte Anker-Effekt: Er ankert deinen Gesprächspartner auf diese allererste Zahl und alle weiteren Verhandlungsmanöver kreisen anschließend nur noch darum.

Wenn du mehr darüber wissen und lernen willst, empfehle ich dir mein anderes Buch aus der Karrierebibel-Bibliothek: „Ich verdiene mehr! – Erfolgreich verhandeln. Clever argumentieren. Mehr verdienen." – ebenfalls erschienen bei Books4Success. Darin erfährst du auf 176 Seiten ausführlich, wie man seinen Marktwert bestimmt und anschließend im Gehaltspoker – bei der Bewerbung wie im Job – durchsetzt. Schließlich ist das Gehalt der unmittelbare Gegenwert deiner Leistung. Und ein hohes Gehalt drückt subtil immer auch einen hohen Eigenwert aus, ein zu geringes dagegen latente Minderwertigkeit. Oder anders ausgedrückt: Du musst deinen Wert kennen, um dich nicht unter Wert zu verkaufen!

Gehaltserhöhung beim Jobwechsel: Wie viel ist drin?

Die gute Nachricht ist: Bei einem Jobwechsel ist oftmals auch eine satte Gehaltserhöhung möglich. Wie viel dabei realistisch ist, liegt an den Rahmenbedingungen des Jobwechsels:

- **Wechsel des Arbeitgebers: + 5 bis 10 Prozent**
  Oft ist ein Jobwechsel vor allem ein Sprung von einem Arbeitgeber zum anderen. Bleibst du dabei auf einer vergleichbaren Position ohne Aufstieg in der Hierarchie, kannst du zwar mehr verlangen als dein bisheriges Einkommen. Im Durchschnitt lassen sich dabei aber nur Gehaltssprünge von bis zu 10 Prozent Wechselbonus realisieren.

- **Beruflicher Aufstieg: + 15 bis 20 Prozent**
  Schaffst du es, mit dem Jobwechsel gleich auf der Karriereleiter aufzusteigen, ist ein Gehaltsplus von bis zu 20 Prozent möglich. Dies gilt beispielsweise, wenn du am neuen Arbeitsplatz in eine Führungsposition kommst oder mehr Verantwortung für größere Budgets und Entscheidungen übernimmst.

- **Abwerbung durch Headhunter: + 15 bis 30 Prozent**
  Beste Chancen auf einen kräftiges Gehaltsplus beim Jobwechsel hast du, wenn du aus deiner vorherigen Stelle abgeworben wirst. Egal ob direkt vom neuen Arbeitgeber oder von einem Headhunter: Beides verspricht ein Plus von bis zu 20, teils bis zu 30 Prozent bei hoher Spezialisierung. Der neue Arbeitgeber weiß um deine Qualifikationen und Leistungen. Dafür ist er bereit, auch tiefer in die Tasche zu greifen.

- **Ausnahme Quereinstieg: - 10 Prozent**
  Eine Ausnahme beim Jobwechsel-Gehalt ist der Quereinstieg in eine komplett neue Branche oder einen völlig anderen Beruf. Hier kommt es darauf an, ob du vorhandene Erfahrungen und Qualifikationen weiterhin nutzen kannst. Falls nicht, musst du eher mit einem Minus rechnen. Du fängst schließlich von vorn an und Arbeitgeber bezahlen nicht für die Katze im Sack. Im Durchschnitt ist ein Minus von 10 Prozent keine Seltenheit – auch größere Abstriche sind vorstellbar.

In allen Fällen gilt: Stelle das Gehalt nie in den Vordergrund! Egal wie sehr du dich über die gestiegene Bezahlung freust und wie wichtig dir das Geld ist. Wenn du dich nur auf das Gehalt fokussierst, geraten dein eigentliches Ziel und deine Entwicklung wieder in den Hintergrund. Ich bin davon überzeugt, dass es auf lange Sicht nicht glücklich macht, wenn du dich zum Söldner degradierst. Und wer für Geld kommt, geht auch wieder für mehr Geld. Das wissen auch die Unternehmen und werden einen solchen Mitarbeiter entsprechend weniger schätzen oder fördern.

Voraussetzungen für dein Gehaltsplus

Ein höheres Gehalt mit dem Jobwechsel ist möglich, aber kein Automatismus. Ausschlaggebend sind neben den genannten Umständen vor allem zwei Voraussetzungen, die erfüllt sein müssen, um eine deutlich höhere Bezahlung zu verhandeln:

- **Du bist in ungekündigter Position**
  Beste Chancen auf einen Gehaltssprung hast du nur, wenn du dich aus einem ungekündigten Beschäfti-

gungsverhältnis heraus bewirbst. Heißt: Du hast noch einen Job und strebst den Wechsel aus eigener Entscheidung an. Ist die Kündigung bereits ausgesprochen und die Kündigungsfrist läuft oder bewirbst du dich aus der Arbeitslosigkeit heraus, drückt das meist deinen Preis in der Verhandlung.

- **Der Gehaltswunsch ist marktüblich**
  Mit dem Jobwechsel werden manche gierig und fordern Summen, die in keinem Verhältnis zur neuen Position und ihren Qualifikationen stehen. Nur weil du wechselst, kannst du nicht einfach so 10 oder 15 Prozent mehr verlangen. Du musst das Gehalt immer auch sachlich begründen können und durch Erfahrungen und Kompetenzen belegen. Ansonsten wird es peinlich, wenn in der Verhandlung herauskommt, dass das eine reine Fantasiezahl war. Damit outest du dich als naiver Anfänger. Deshalb: Mache bitte immer deine Hausaufgaben und recherchiere neben potenziellen Jobs auch ein realistisches, marktübliches Gehalt. Das ist ein absoluter Pflichtteil in deiner Vor-bereitung.

FUN FACT: Konkrete Zahl statt Gehaltsspanne!

Nenne bei deinen Gehaltsvorstellungen immer eine konkrete (krumme) Zahl – keine Gehaltsspanne. Weder in der schriftlichen Bewerbung noch später im

Jobinterview. Eine Spanne wirkt unsicher – so als würdest du deinen Marktwert nur schätzen. Zudem verhandelst du danach immer am unteren Ende der Spanne. Du hast ja schon zugegeben, dass du mit dem Minimalpreis noch zufrieden wärst. Warum dann mehr bezahlen? Eine konkrete Zahl dagegen signalisiert Selbstbewusstsein und Professionalität. Im Klartext: „Ich kenne meinen Wert auf den Euro genau!"

Downshifting: Einen Schritt zurück?

Bisher habe ich in diesem Buch viel darüber geschrieben, dass mit dem Jobwechsel eine positive persönliche und berufliche Entwicklung verbunden sein sollte. Das stimmt auch weiterhin. Ich gebe aber zu, dass das stets suggeriert, es müsse dabei immer nur nach oben gehen. Das wiederum stimmt nicht. „Karriere“ – das Wort kommt aus dem Französischen und bedeutet so viel wie „Rennbahn“ – beschreibt zwar ein Fortkommen. Das kann aber genauso gut seitwärts oder abwärts führen.

Wir hatten das ja schon beim Thema Gesundheit. Wenn du spürst, dass du deinen Beruf körperlich einfach nicht mehr ausüben kannst oder dass dir der Stress zu viel wird, dann gilt ganz klar: Lieber für weniger Geld woanders arbeiten, als so weitermachen wie bisher und als körperlich-seelisches Wrack enden. Auch wenn der jetzige Job gar nicht so schrecklich ist, kann ein Wechsel mitsamt Gehaltsabstrichen langfristig die richtige Karriereentscheidung sein. Und je nachdem wie viele Berufsjahre du noch vor dir hast, ist auch nach diesem soften Ab- oder Ausstieg ein neuerlicher Aufstieg möglich.

Dieser bewusste Abschied vom Aufstieg wird in der Fachsprache auch „Downshifting“ genannt und ist in jüngster Zeit gar nicht mal so selten. Die neue Generation setzt ihre Prioritäten heute anders und hat sich vom „höher, schneller, weiter, erfolgreicher“ der Boomer ein Stück weit verabschiedet (manche Boomer machen das aber auch).

Raus aus dem Hamsterrad, einen Gang zurückschalten, mehr Besinnung auf die wichtigen Dinge im Leben – ich kann das gut verstehen. Menschen erwarten heute einfach etwas anderes von ihrem (Berufs-)Leben, als ihre Zeit nur am Arbeitsplatz zu verbringen. Dafür hängen die einen ihre Führungsposition an den Nagel und geben Personalverantwortung ab. Andere verzichten freiwillig auf eine Vollzeitstelle und tauschen diese gegen eine Teilzeitlösung. Bei manchen ist es auch eine regelrechte Notbremse, wenn das bisherige Tempo schlicht nicht mehr durchzuhalten ist. Ein schneller und steiler Aufstieg mag sich anfangs gut anfühlen, hat aber seinen Preis: wenig Freizeit, kaum Erholung, Abstriche bei Familie und Privatleben. Wenn auch du nicht mehr bereit bist, diesen Preis zu bezahlen, kann der Schritt zurück für dich in die absolut richtige Richtung führen. Nicht zuletzt weil sich die eigenen Lebensziele und deren Bedeutung mit dem Alter deutlich verschieben können (siehe Grafik).

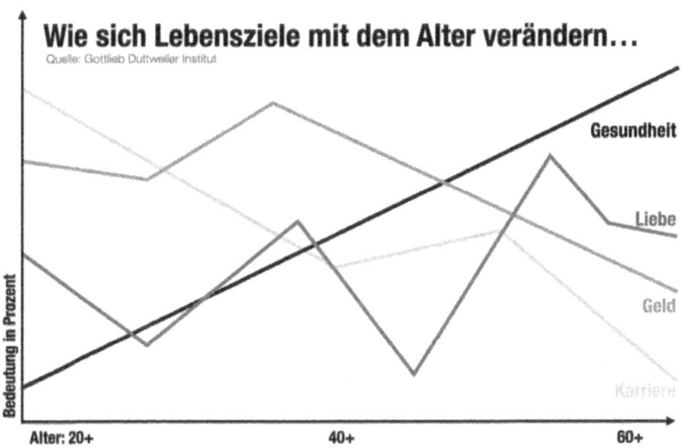

Mit der Entscheidung zum Downshifting verzichtest du zwar auf den beruflichen Status und musst teils ein geringeres Gehalt akzeptieren, du gewinnst aber etwas viel Wertvolleres: größere Lebenszufriedenheit und Zeit für die Dinge, die dir hier und jetzt wichtig sind.

Cooler, neuer Gedanke? Was die meisten dennoch davon abhält, sind vor allem zwei Dinge: der potenzielle Imageverlust – für andere, Freunde, Familie wirkt das Downshifting oft trotzdem wie ein Karriererückschritt. Da hat es eine(r) nicht gepackt und streicht die Segel ... „Weichei!" Das muss man aushalten oder ignorieren können. Der zweite Grund sind die finanziellen Sorgen. Schließlich will der aktuelle Lebensstil irgendwie weiterhin finanziert werden. Das ist nicht leicht, wenn monatlich 10, 20 oder gar 25 Prozent des Einkommens fehlen. Oder man akzeptiert, für sein Glück und einen echten Traumberuf eventuell in eine kleinere Wohnung zu ziehen und nur noch einmal im Jahr in den Urlaub fliegen zu können. Dafür fühlt sich aber vielleicht der Job umso mehr wie Urlaub an. Letztlich bleibt es eine eigene Entscheidung, bei der du dich von anderen nicht beeinflussen oder beirren lassen solltest. Du bleibst in jedem Fall ein Gewinner – dein eigener!

Das Wichtigste in Kürze

- Bei der Jobsuche kannst du auf zahlreiche Quellen zurückgreifen. Nie war der Arbeitsmarkt so transparent, vielseitig und offen – auch und gerade für Quereinsteiger. Kombiniere alle diese Informationsschätze, um das beste Ergebnis zu erzielen: Online-Jobbörsen, Unternehmensseiten, die Bundesagentur für Arbeit, lokale Zeitungen, Job- und Karrieremessen.

- Nutze überdies die Chancen des verdeckten Stellenmarkts. Er ist rund doppelt so groß wie der offizielle, dafür gibt es kaum Konkurrenz. Erschließen kannst du dir diesen geheimen Arbeitsmarkt durch ein gutes berufliches Netzwerk, durch Initiativbewerbungen und durch die passive Bewerbung mittels strategisch eingesetzter und gepflegter Online-Profile – unter anderem auf LinkedIn, Xing und im eigenen Blog.
- Hast du passende Stellenangebote und Arbeitgeber erst einmal identifiziert, solltest du die Jobangebote genau prüfen: nicht nur danach, ob sie zu dir und deinen Zielen passen, sondern auch nach objektiven Kriterien. Manche Arbeitgeber versprechen mehr, als sie halten. Für solche Mogelpackungen gibt es zum Glück ein paar frühe Warnzeichen und Indizien.
- Mit einem Jobwechsel kannst du in den meisten Fällen ein deutlich besseres Gehalt herausschlagen. Aber nur, wenn du vorab deine Hausaufgaben machst: Recherchiere unbedingt deinen Marktwert und verhandle selbstbewusst ein realistisches Gehalt. Gerade wenn du dich beruflich verbessern kannst oder abgeworben wirst, sind zwischen 10 und 30 Prozent mehr Geld drin.
- Auch ein beruflicher Rückschritt kann eine Verbesserung und das Ziel eines Jobwechsels darstellen. Veränderte Prioritäten oder zu viel Belastung im Job können Argumente sein, beruflich kürzerzutreten. Lass dich bei dieser Entscheidung weder vom Geld noch vom möglichen Imageverlust beeinflussen.

Kapitel 6

BEWERBUNG

Mit der Jobsuche hast du den letzten Stein im Fundament deines Jobwechsels gelegt. Jetzt bauen wir das Haus darauf. Du weißt, was du kannst und wohin du willst; du hast Stellenanzeigen und Arbeitgeber gefunden und bewertet – alles passt zu diesem Zeitpunkt. Jetzt musst du aus dem Kellergeschoss und aus der Deckung und dich aktiv bewerben. Wenn deine Unterlagen, deine Alleinstellungsmerkmale und deine Argumente überzeugen, winkt am Ende der unterschriebene Arbeitsvertrag. Der erfolgreiche Jobwechsel wäre vollzogen, hoffentlich sogar für lange Zeit geglückt.

Wie du eine erfolgreiche Bewerbung schreibst und formulierst; wie ein moderner tabellarischer Lebenslauf aufgebaut und strukturiert wird; wie du mit einem originellen und professionellen Anschreiben punktest und dich mit einem Bewerbungsvideo positiv von der Masse abhebst – das allein füllt ein ganzes Buch und sprengt den Rahmen für dieses. Aber das Buch dazu existiert bereits: „Die perfekte Bewerbung" – ebenfalls bei Books4Success erschienen. Der zweite Band aus unserer wachsenden Karrierebibel-Bibliothek zeigt dir auf 272 Seiten, wie du deine Unterlagen optimierst und zum Vorstellungsgespräch eingeladen wirst. Nach der Lektüre bist du fit für den Pitch deines Lebens – als künftiger Mitarbeiter deines Wunscharbeitgebers. Versprochen!

Wir widmen uns derweil in diesem Abschnitt der nicht minder wichtigen Frage, wie du deinen Jobwechsel optimal und überzeugend begründen kannst. Denn je nach Ausgangssituation – freiwilliger oder unfreiwilliger Wechsel, aus bestehendem Arbeitsverhältnis oder aus der Arbeitslosigkeit – kann dies unterschiedliche Strategien erforderlich machen.

Jobwechsel begründen

Deine Bewerbung hat im Kern immer zwei Aufgaben: Sie muss deine Motivation erklären, warum du dich ausgerechnet für diese Stelle, bei diesem Arbeitgeber interessierst – und sie muss einen Bezug zwischen deinem bisherigen Werdegang, deinen Qualifikationen und Erfahrungen und der anvisierten Position herstellen. Kurz: Warum bist du die perfekte Besetzung und welchen entscheidenden Mehrwert für das Unternehmen bringst du mit? Gleichzeitig stellen sich Personaler immer noch eine dritte Frage: Warum will der oder die Kandidatin überhaupt wechseln, den bisherigen Arbeitgeber verlassen und bei uns neu anfangen? Was ist da vorher schiefgelaufen?

Die Frage ist absolut legitim und aus Personalersicht auch nachvollziehbar. Schließlich könnte dahinter ein Fehlverhalten beim bisherigen Arbeitgeber stecken. Oder ein sprunghafter Bewerber. Oder eine Kandidatin, die sehr hohe Ansprüche und Erwartungen an den Job hat, die auch der neue Arbeitgeber unmöglich erfüllen kann. Habe bitte immer im Hinterkopf: Auch Personaler machen nur ihren Job und Neubesetzungen sind aufwendig und teuer. Die Recruiter müssen sich dafür hinterher rechtfertigen, wollen keine Fehler machen und schon gar nicht denselben Prozess alle paar Monate von vorn starten müssen. Entsprechend wichtig ist ihnen eine schlüssige und überzeugende Begründung für deinen Jobwechsel – die aber ebenfalls bitte nie nach einer Rechtfertigung klingen darf. Eine solche vorweggenommene Entschuldigung und Verteidigungshaltung verrät ein schlechtes Gewissen und weckt nur schlafende Hunde. Eine gute Begründung und Beruhigungspille für Personaler hat im Kern immer einen positiven Blick nach vorn.

Ob du als Kandidat für den Job in die engere Auswahl kommst, hängt natürlich auch weiterhin von den beiden ersten Punkten in deiner Bewerbung ab, also deiner Qualifikation und dem Nutzen für das Unternehmen. Diese Faktoren sind bei den meisten Bewerbern in der Endauswahl aber oftmals schon sehr ähnlich. Die Muss-Anforderungen erfüllen sie alle – sonst wären sie nicht in der Schlussrunde. Ebenso stimmen die Soft Skills und Erfahrungen. Was jetzt den letzten Kick und Ausschlag gibt, ist eine schlüssige Erklärung für den Jobwechsel und die richtige Motivation dahinter.

Der perfekte Ort hierfür in der schriftlichen Bewerbung ist das Anschreiben. Ich persönlich bin weiterhin ein großer Fan davon – wissend, dass es viele Bewerber heute ablehnen und unterschätzen. Nutze es bitte trotzdem! Mit kaum einem anderen Element der Bewerbungsunterlagen kannst du dich so einfach und so kraftvoll von deinen Mitbewerbern abheben, einen erklärungsbedürftigen Lebenslauf ins rechte Licht rücken oder deinen Quereinstieg begründen, bei dem der Lebenslauf schon per Definition nicht zum Job passen kann (sonst wäre es kein QUEReinstieg).

Und glaub mir: Personalverantwortliche interessieren sich durch die Bank ganz genau dafür, aus welchem Antrieb du dich bei ihnen bewirbst. Es gibt heute in vielen HR-Abteilungen ein englisches Motto, das sich immer mehr durchsetzt: „Hire for attitude, train for skills!" Heißt übersetzt so viel wie: „Stelle die Leute mit der richtigen Einstellung ein – die nötigen Fertigkeiten können sie immer noch im Job lernen." Und das stimmt. Was nützt dir ein hochintelligenter Mitarbeiter, der alle erforderlichen Qualifikationen mitbringt, den du aber zum Jagen tragen musst, der deine Unternehmenswerte nicht teilt oder den Job nur wegen des Geldes macht?! Umgekehrt: Wer für den Job brennt, intrinsisch motiviert ist, sich reinhängt und lernen WILL, wird wesentlich mehr erreichen und auch den größeren Mehrwert schaffen. Lernen kann er das alles immer noch.

Und genau diese Attitüde ist es, die dir bei JEDEM Jobwechsel die Türen zu deinem Traumjob öffnen wird. Ob nun in der schriftlichen Bewerbung oder später im Vorstellungsgespräch. Davon bin ich nicht nur überzeugt – ich habe es hundertfach bei unseren Coaches sowie Leserinnen und Lesern erlebt. Eine nachvollziehbare und begeisternde Motivation bringt dich deinem neuen Job einen Riesenschritt näher! Mehr noch: In einer guten Begründung stecken immer auch wichtige Informationen für Personaler im Subtext beziehungsweise zwischen den Zeilen. Zum Beispiel:

- *Wie gut hast du dich auf den Jobwechsel vorbereitet?*
- *Wie intensiv hast du dich im Vorfeld mit Job und Arbeitgeber beschäftigt?*
- *Hast du dieses Unternehmen bewusst und gezielt ausgewählt?*
- *Bist du ein zielstrebiger Mensch?*
- *Planst du deine Karriere strategisch?*
- *Wirst du ein verlässlicher, loyaler Mitarbeiter sein?*

Gerade der letzte Punkt wird bei einem Jobwechsel gern vernachlässigt. Nicht weil du gerade deinen aktuellen Arbeitgeber verlässt und deshalb unter Generalverdacht stündest, illoyal zu sein. Das ist Quatsch. Aber wenn deutlich wird, dass du dir diesen Schritt genau überlegt hast, dass du exakt weißt, wohin du willst, den Jobwechsel professionell vorbereitet hast und dich deshalb für diese Position, diesen Arbeitgeber entschieden hast, dann beweist das nicht nur einen hochgradig zielstrebigen und im Wortsinn „selbstbewussten" Kandidaten – es dokumentiert indirekt auch: So schnell kündigst du diesen Job nicht wieder, denn er zahlt ja auf deine Ziele ein, du willst dich hier entwickeln und hast ihn genau dafür ausgewählt.

Das ist nicht nur ein Riesenkompliment für das (erwählte) Unternehmen, sondern befördert dich sofort aus der Rolle eines

Bittstellers in die Position eines Top-Talents. Selbst schuld, wer dich nicht hier und jetzt einstellt! Eine echte Sieger-Attitüde.

Und genau das ist der Trick bei jeder Bewerbung und Jobwechsel-Begründung: die selbstbewusst-strategische Attitüde und sogenannte Hin-zu-Motivation.

GUT ZU WISSEN: Nie schlecht über Arbeitgeber reden

Der vielleicht häufigste Fehler, wenn Bewerber einen Jobwechsel begründen: Sie schauen zurück und erzählen, was beim bisherigen Arbeitgeber schlecht war. Ein schwerwiegender Fehler! Sprich niemals schlecht über ehemalige Jobs, selbst wenn sie wirklich mies waren. Erstens ist das unprofessionell, zweitens macht es dich zum Opfer und deinen strategischen Wechsel zum Fluchtreflex. Das Einzige, was du sagen kannst: Du hast dort für dich intern keine Perspektiven mehr gesehen. Eine Weiterentwicklung wäre dort nicht möglich gewesen. Im neuen Job aber schon – und zwar ... Und schon sprichst du wieder über die Zukunft!

Hin-zu-Motivation

Was ist eine Hin-zu-Motivation? Meine Kollegen und ich sprechen in dem Zusammenhang von zwei Kategorien. Auf der einen Seite steht die sogenannte Weg-von-Motivation. Sie ist für einen Jobwechsel zwar oft DER Auslöser, für die Bewerbung und Begründung für den eigenen Wechselwunsch aber absolut tabu, weil tödlich. Sie blickt ausschließlich nach hinten, beschreibt Missstände und kritisiert negative Erfahrungen. Kurz: Sie erzeugt ungute Störgefühle und macht dich selbst wieder klein. Du bist auf der Flucht vor etwas – Hauptsache weg! Das ist jetzt nicht unbedingt die Attitüde eines Leistungsträgers und Machers. Und wie reagiert so jemand wohl, wenn es im neuen Job ebenfalls zu Problemen oder Widerständen kommt? Haut er oder sie dann auch wieder einfach ab? Du merkst schon: Die Weg-von-Motivation macht dich unmittelbar unattraktiv.

Das Gegenstück dazu ist die besagte Hin-zu-Motivation. Diese ist positiv auf die Zukunft ausgerichtet. Du orientierst und bewirbst dich „hin zu" einer neuen Entwicklungsstufe, einer neuen Herausforderung, einem neuen Arbeitsumfeld. Statt zu fliehen, nutzt du ein strategisches Momentum und behältst bei deiner beruflichen Veränderung stets die Kontrolle und den Überblick. Die wesentlichen Leitfragen, die eine solche Hin-zu-Motivation beschreiben können, kennst du schon aus unseren bisherigen Tests im Buch:

- *Welche Ziele verfolge ich mit meiner beruflichen Veränderung?*
- *Was genau möchte ich beim neuen Arbeitgeber erreichen?*
- *Wieso bewerbe ich mich bei diesem Unternehmen?*
- *Welches Angebot hat mich am meisten überzeugt?*
- *Was möchte ich an der neuen Wirkungsstelle bewirken?*
- *Welche Talente und Stärken will ich dort einbringen und forcieren?*

Mit den Antworten auf diese Fragen lieferst du eine absolut einmalige und überzeugende Begründung für deinen Jobwechsel und wirst sofort zu einem der interessantesten Kandidaten überhaupt. Zusätzliches Plus: Du zeigst, dass du einen Plan verfolgst und dich aus gutem Grund auf diese Stelle bewirbst. Du hast Ziele, bist hochmotiviert und freust dich auf die Arbeit. Da bleibt für Personaler nur noch eine Frage offen: Wann fängst du bei uns an?

Ausführliche Informationen und Hintergründe zur Hin-zu-Motivation findest du in unserem Dossier dazu. In diesem erklären wir dir auch, wieso eine Weg-von-Motivation nicht komplett schlecht sein muss und mit welchen Tricks du eine Hin-zu-Motivation entwickeln kannst: ***https://karrierebibel.de/hin-zu-motivation/***

Hin-zu-Motivation in der Bewerbung formulieren

Neben guten Wechselgründen und -motiven, die bei Personalern als veritabler Antrieb akzeptiert sind, bleibt in der Bewerbung immer die Schwierigkeit, all das in wenigen Worten und Zeilen auf den Punkt zu bringen. Also deine Hin-zu-Motivation präzise und originell zu formulieren. Auch die beste Begründung für den Wechsel bringt nichts, wenn die Botschaft beim Personaler nicht ankommt. Wie klappt das?

Als Anregung und zur Inspiration habe ich dir im Folgenden insgesamt sieben Beispiele und Formulierungen aufgeschrieben, wie du die häufigsten Anlässe für einen Jobwechsel im Anschreiben (oder Jobinterview) begründen kannst. Ich empfehle aber, diese nie eins zu eins zu übernehmen, weil meine Bücher und die Karrierebibel auch viele Personaler lesen und oft sogar als aktuellen Maßstab ihren Bewerbern empfehlen. Da wäre es natürlich blöd, wenn sie dann exakt denselben Satz in deiner Bewerbung lesen. Also einfach ein bisschen umformulieren und eigenen Pfeffer in die Beispielsätze geben – schon passt es wieder.

„Ich möchte mich beruflich weiterentwickeln."

Ein Klassiker als Begründung und leider auch einfach nur eine Floskel. Damit sie wirkt, musst du deutlich machen, WOHIN du dich weiterentwickeln willst. Es braucht ein klares Ziel oder Erwartungen, die mit dem beruflichen Schritt verbunden sind. Besonders glaubhaft wird diese Begründung, wenn du etwa seit Jahren dieselbe Position hast und nun mehr Verantwortung übernehmen möchtest. Auch größere Projekte oder neue Fähigkeiten können zur Entwicklung zählen.

Beispiel für eine Formulierung:

> *„Ich möchte mich künftig verstärkt auf den Bereich ________ fokussieren und mein Profil dort weiter schärfen. Die von Ihnen ausgeschriebene Stelle bietet dafür die optimalen Voraussetzungen und Perspektiven. Da Sie schon jetzt zu den größten Namen in diesem Bereich zählen und ich auf Ihrer Unternehmenshomepage gelesen habe, dass Sie in den kommenden drei Jahren den Fokus darauf legen, möchte ich diese Chance nutzen, um mein vorhandenes Know-how einzubringen und bei Ihnen weiterzuentwickeln."*

„Ich suche neue Herausforderungen."

Auch diese Motivation klingt schrecklich nach Phrase. Trotzdem bleibt es eine legitime Begründung für einen Jobwechsel. Aber auch wieder nur, wenn du die besagten Herausforderungen benennen kannst. Überlege dir: Welche neuen Aufgaben reizen dich bei diesem Arbeitgeber und in der Position? Vielleicht kannst du einen neuen Markt erschließen, ein Produkt revolutionieren oder eine gesamte Abteilung voranbringen.

Beispiel für eine Formulierung:

> *„Mein letztes großes Projekt war die Einführung des Produktes ________ auf dem deutschen Markt. Mit den Produktlinien X, Y und Z steht Ihr Unternehmen gleich vor drei internationalen Markteinführungen. Mit meiner Erfahrung und meinem Wissen möchte ich Sie bei dieser Herausforderung unterstützen. Gerade auf dem chinesischen Markt kann ich mich dabei besonders einbringen, weil ich während meines Studiums zwei Jahre in Nanjing gelebt und studiert habe."*

„Ich möchte mich aus familiären Gründen verändern."

Ein absolut nachvollziehbarer und häufiger Grund. Der Partner hat den Job gewechselt und die ganze Familie zieht um. Oder du verlegst deinen Lebensmittelpunkt in eine andere Stadt, um ein gemeinsames Leben zu beginnen. Gleiches gilt, wenn du nach einer Familiengründung in Teilzeit wechseln möchtest. Solche Motive musst du zwar nicht zwingend angeben, weil sie den Arbeitgeber eigentlich nichts angehen – sie machen deinen Jobwechsel aber nachvollziehbarer und leisten proaktive Überzeugungsarbeit.

Beispiel für eine Formulierung:

„Aufgrund einer Veränderung in meinem familiären Umfeld möchte ich mich beruflich und räumlich verändern. Bei der Suche bin ich sofort auf Sie aufmerksam geworden, weil ...“

„Ich möchte den Beruf / die Branche wechseln.“
Hier geht es nicht um einen einfachen Jobwechsel, sondern einen kompletten Neustart. Ein großer Schritt, der praktisch immer begründet werden muss. Konzentriere dich in der Bewerbung auf deine Stärken und darauf, wie deine Kompetenzen auf den neuen Bereich übertragbar sind. So nutzt du deine bisherigen Erfahrungen und zeigst, welch großen Nutzen diese für den neuen Arbeitgeber haben.

Beispiel für eine Formulierung:

„Nach jahrelanger Tätigkeit im Bereich ________ konnte ich große Erfolge in den Projekten X und Y erzielen. Dieses Wissen und die gesammelte Erfahrung möchte ich nun in eine neue Branche übertragen und meinen beruflichen Schwerpunkt verlegen. In Ihrem Unternehmen kann ich dabei vor allem meine schnelle Auffassungsgabe und meine Problemlösungskompetenz einbringen, die generell zu meinen größten Stärken zählen.“

„Ich möchte internationaler arbeiten.“
So manche(r) hat den Wunsch, sich bei einem Wechsel auch gleich geografisch und kulturell zu verändern. Auch das ist

durchweg legitim und zeugt von großer Offenheit und Neugier. Voraussetzung hierfür ist natürlich eine international ausgeschriebene Stelle. Noch besser, wenn im aktuellen Job eine internationale Ausrichtung unmöglich ist. Das macht den Jobwechsel zu 100 Prozent nachvollziehbar. Dennoch solltest du erklären, warum du international arbeiten möchtest: Was versprichst du dir davon und warum ausgerechnet in diesem Land? Das soll ja kein Urlaub werden, sondern ein geplanter Karriereschritt.

Beispiel für eine Formulierung:

> *„Seit fünf Jahren arbeite ich im Bereich ______ und konnte dort zahlreiche Erfahrungen sammeln sowie meine Kenntnisse auf den nationalen Märkten vertiefen. Ein beruflicher Auslandsaufenthalt, bei dem ich ein 3-monatiges Projekt in ______ vor Ort betreuen konnte, hat meinen Wunsch bestärkt, meine Arbeit in Zukunft deutlich internationaler auszurichten. Die Zusammenarbeit mit verschiedenen Menschen und Kulturen begeistert mich. Ihre Position bietet mir jetzt diese Chance …"*

„Ich suche eine andere Arbeitsumgebung."

Raus aus dem Großkonzern, rein in ein mittelständisches Unternehmen? Oder in einen Familienbetrieb oder ein Start-up? Solche Wechsel hin zu einer anderen Unternehmenskultur, anderen Strukturen, Hierarchien und Entscheidungswegen reizen ebenfalls viele Arbeitnehmer. Aber Achtung: Dein angestrebter Arbeitgeber sollte unbedingt das Umfeld bieten, das du suchst. Sonst zeigst du schon mit der Bewerbung, dass du eigentlich gar nicht ins Unternehmen passt oder bald wieder unglücklich sein wirst. Eine gründliche Recherche vor der Begründung ist daher absolute Pflicht.

Beispiel für eine Formulierung:

> *„In den vergangenen Jahren habe ich in einem internationalen Konzern und in einer hoch spezialisierten Organisation gearbeitet. Künftig möchte ich wieder Teil eines modernen und agilen Start-ups sein. Die flachen Hierarchien, schnellen Entscheidungswege und vielfältigen Aufgaben aus den unterschiedlichsten Bereichen reizen mich enorm. Da ich bereits bei ________ bereichsübergreifend gearbeitet habe, kann ich meine Erfahrungen und Kompetenzen nutzen, um Ihr Team in zwei zentralen Punkten zu unterstützen: …"*

„Ich muss gesundheitlich kürzertreten."
Gesundheitliche Gründe rechtfertigen immer einen Jobwechsel. Niemand muss in einem Beruf bleiben, der krank macht. Bei der Begründung musst du aber darauf achten, dass die positive Prognose durch den neuen Job deutlich wird. Es muss klar sein, dass die Gesundheit an der neuen Wirkungsstätte kein Problem darstellt. Wenn du etwa aufgrund von Rückenschmerzen den Job wechselst, darf die neue Stelle natürlich nichts beinhalten, wobei du ständig schwer heben oder den Rücken belasten musst.

Beispiel für eine Formulierung:

> *„Aus gesundheitlichen Gründen kann ich meinen bisherigen Beruf nicht mehr ausüben. Auf Anraten*

meines Arztes und nach intensiver Neuorientierung sehe ich in diesem Bürojob meine berufliche Zukunft. Im vergangenen Jahr habe ich durch die Weiterbildungen ______ und ______ bereits die Grundlagen hierfür erlernt. Als Quereinsteiger bringe ich zudem eine schnelle Auffassungsgabe und große Neugier für anstehende Aufgaben mit."

Jobwechsel im Lebenslauf

Der jetzige Jobwechsel taucht in deinem Lebenslauf noch nicht auf. Wie auch?! Dafür aber alle anderen beruflichen Wechsel davor. Vom ersten Job nach dem Studium oder nach der Ausbildung, über die nächsten Schritte bei verschiedenen Unternehmen bis hin zum jetzigen Arbeitsverhältnis. Du erinnerst dich: Solche Wechsel sind bei der beruflichen Entwicklung absolut normal (siehe Kapitel 1). Trotzdem werde ich immer wieder gefragt, ab welcher Anzahl von Jobwechseln Unternehmen skeptisch werden? Tatsächlich machen sich hierbei viele Bewerber Sorgen, sie könnten irgendwann als unstet oder als Jobhopper gelten.

Um dir die Sorge abschließend zu nehmen: Dass ein Kandidat oder eine Kandidatin in ihrer Vita schon fünf vorherige Stationen durchlaufen hat, ist für Personaler zunächst überhaupt kein Warnsignal oder Ausschlusskriterium. Im Gegenteil: Es kann einen spannenden, aufgeschlossenen und vielseitigen Charakter ankündigen. Die reine Anzahl der individuellen Jobwechsel ist also überhaupt kein Problem bei der Bewerbung. Was zum Problem werden kann (nicht: „muss"!), sind häufige Wechsel in einem kurzen Zeitraum – also die Frequenz.

Anzahl vs. Frequenz der Jobwechsel

Viele Jobwechsel sagen erst mal nichts über einen Kandidaten aus. In einer 20-jährigen Karriere sind fünf Wechsel völlig normal. Aufhorchen werden Personaler erst, wenn fünf Wechsel in gerade einmal fünf Jahren Berufserfahrung im Lebenslauf auftauchen. Das wirkt dann tatsächlich latent sprunghaft – und hier wird dann auch so gut wie immer nachgefragt. Wobei sich auch das nicht so einfach verallgemeinern lässt. Für die Bewertung von Jobwechseln spielen mehrere Faktoren eine Rolle:

- **Zeitpunkt in der Karriere**
  Am Anfang des Berufslebens sind viele Jobwechsel kein Thema. Berufseinsteigern wird eine erste Orientierungsphase zugestanden. Manche starten mit einer befristeten Stelle, andere testen Branchen oder probieren sich noch aus. In den ersten fünf Jahren der Karriere wären daher vier bis fünf Jobwechsel noch völlig okay.

- **Dauer der Arbeitsverhältnisse**
  Kurzengagements können vorkommen, wenn du beispielsweise noch in der Probezeit feststellst, dass es nicht passt. Auch das ist nicht weiter schlimm, wenn solche Kurzbeschäftigungen die Ausnahme bleiben und nicht mehrmals aufeinanderfolgen. Wichtig ist dann, in der Bewerbung deutlich zu machen, dass dir diese Überraschung diesmal nicht mehr passieren wird, weil du gründlicher ausgewählt hast.

- **Anlässe für die Jobwechsel**
  Manche Arbeitnehmer haben einfach Pech. Dreimal in einem Start-up angeheuert und alle drei waren nach kurzer Zeit wieder pleite und weg vom Markt? Oder

zweimal auf ein Unternehmen gesetzt, das dann von einer Wirtschaftskrise weggespült wurde? Das darfst du ruhig erzählen und damit deinen Jobwechsel begründen. So etwas ist wirklich nicht deine Schuld. Wurdest du aber jedes Mal aus persönlichen Gründen gefeuert, kommst du in Erklärungsnot. Handelte es sich um notwendige Eigenkündigungen samt Karriereschritt, fallen die Wechsel weniger ins Gewicht.

Als Faustregel kannst du dir merken: Jobwechsel nach frühestens drei Jahren sind nie ein Problem. Selbst wenn es über eine lange Karriere hinweg viele davon gibt.

Warum drei Jahre? Unter Personalentscheidern und Headhuntern gibt es folgende Erfahrung: Im ersten Jahr kommst du erst einmal richtig im Job an; im zweiten Jahr beginnst du eigene Projekte, profilierst dich und setzt deine Duftmarken; im dritten Jahr schließlich fährst du (hoffentlich) die Erfolge deiner Arbeit ein. Diese Erfolge im dritten Jahr gehen nicht mehr auf deinen Vorgänger zurück, sondern sind wirklich die Spuren, die du selbst im Unternehmen hinterlassen hast. Und genau hier entsteht ein neuer Scheideweg oder neuer Jobzyklus: Du bleibst und initiierst weitere Projekte und Erfolge – oder du suchst anderswo die Chance dazu. Deshalb hat jedes Engagement unter drei Jahren im späteren Verlauf der Karriere einen latenten Hautgout, weil du eben gehst, bevor du einen echten Erfolg einfahren und dich profilieren konntest. Aber selbst das lässt sich (siehe oben) teils gut begründen.

Leg den Fokus nicht auf Jobwechsel

Weil wir jetzt so viel über häufige Jobwechsel gesprochen haben, könnte ein falscher Eindruck entstanden sein. Ich widme mich dem Thema „Jobhopping“ deshalb so ausführlich, weil es so vielen Bewerbern Sorgen macht und sie verunsichert. In der Folge entwickeln sie ein Defizit-Mindset. Sie denken, sie haben ein Handicap, das sie irgendwie kaschieren oder verschleiern müssten. Sonst scheitern sie. Unsinn! Lass dich bitte nicht verrückt machen. Aus den richtigen Gründen und Motiven heraus sind auch viele und häufige Jobwechsel ein nachvollziehbarer und meist notwendiger Schritt in der beruflichen Entwicklung. Und selbst wenn ein paar Fehlschläge dabei waren … na und?! Fokussiere dich nicht auf mögliche Schwächen, sondern vor allem auf deine Stärken, deinen Mehrwert für das Unternehmen und deine Hin-zu-Motivation!

Personaler, die jeden Tag zig Bewerbungen lesen, erkennen unsichere Bewerber sofort zwischen den Zeilen an unnötigen Rechtfertigungen sowie einer Bittsteller-Attitüde. Formulierungen wie „Ich weiß, dass meine vielen Jobwechsel im Lebenslauf nicht den besten Eindruck machen …“ sollten dir bitte niemals über die Tastatur kommen. Die wenigen Zeilen, die dir für deine Bewerbung bleiben, solltest du nicht nutzen, um darüber zu schreiben, was womöglich gegen dich spricht. Du schreibst bitte ausschließlich darüber, warum du der oder die Beste für die Position bist. Es heißt ja nicht umsonst BeWERBUNG – du darfst und sollst also ruhig ordentlich für dich trommeln!

Falls du bei deiner Bewerbung immer noch unsicher bist oder nicht weißt, wie eine richtig gute Bewerbung heute aussehen muss oder wie du frustrierende Absagen vermeiden kannst, dann empfehle ich dir zusätzlich unsere beiden hochkarätigen Bewerbungscoachings in der Karrierebibel-Akademie. Im Online-Kurs zur schriftlichen Bewerbung erwarten dich insgesamt 4 Stunden Video, 200 Seiten Begleitmaterial und 5 Module, die dir wirklich alles zeigen, was du für eine erfolgreiche Bewerbung brauchst. Der Anschlusskurs „Fit fürs

Vorstellungsgespräch“ bringt dich in nur 3 Stunden zu einem selbstbewussten Auftritt und trainiert mit dir in 8 Modulen und auf 160 Seiten Begleitkompendium, wie du dich perfekt auf das Interview vorbereitest und alle typischen Fragen souverän beantwortest. Danach bist du nie wieder sprachlos im Bewerbungsgespräch! Schau es dir einfach mal unverbindlich an.

Mit erprobten Coachings deinen Durchbruch starten. Klare Positionierung am Markt, dadurch mehr und bessere Jobangebote; professionelle Bewerbung und Strategien plus einen selbstbewussten Auftritt im Vorstellungsgespräch sowie ein deutlich höheres Gehalt realisieren – das sind die Kerninhalte unserer Weiterbildungsangebote: ***https://akademie.karrierebibel.de/***

Das Wichtigste in Kürze

- Die beste Begründung für deinen Jobwechsel ist eine selbstbewusst-strategische Attitüde und Hin-zu-Motivation.
- Wer deutlich machen kann, dass er oder sie sich diesen Schritt genau überlegt hat und gute Gründe für diesen Arbeitgeber nennt, beweist nicht nur seine Zielstrebigkeit, sondern katapultiert sich

aus der Bittsteller-Position in die eines Top-Talents.

- Rede niemals schlecht über bisherige Jobs. Dem neuen Arbeitgeber ist es egal, was bisher schlecht war. Er möchte sehen, was du für die neue Stelle mitbringst und was du dort erreichen willst und kannst.
- Häufige Jobwechsel im Lebenslauf sind kein grundsätzliches Problem. Die Frequenz macht den Unterschied. Aber selbst diese lässt sich überzeugend begründen.
- Ab einer Beschäftigungsdauer von jeweils drei Jahren sind Jobwechsel kein Problem mehr. Dieser Zeitraum ist lang genug, um einen Wechsel danach zu rechtfertigen. Bei Berufseinsteigern sind auch mehrere berufliche Stationen unproblematisch. Ihnen wird eine anfängliche Orientierungsphase zugestanden.
- Vermeide stets ein Defizit-Mindset und fokussiere dich nicht auf deine vielen Jobwechsel, sondern vor allem auf deine Stärken. So machst du deine Vita erst gar nicht zu einem Handicap.

Kapitel 7

HELFER FINDEN

In diesem Ratgeber-Buch hast du schon viele Hilfestellungen kennengelernt. Auch kann dir unser Portal Karrierebibel.de wie kaum eine andere Seite zusätzlich zum Buch viele überwiegend kostenlose Hinweise bieten, die dieses Buch dauerhaft erweitern und durch die enthaltenen Links und QR-Codes zu einem stetig wachsenden Begleiter für dich machen. Aber: Manchmal kommt man alleine trotzdem nicht weiter. Mal liegt es an der sprichwörtlichen Betriebsblindheit, mal an anhaltender Unsicherheit, die sich partout nicht verscheuchen lässt. Und wieder ein anderes Mal brauchst du einfach einen Sparringspartner, der dich anfeuert, reflektiert oder eben die richtigen Fragen stellt.

Kurz: Du brauchst weitere Helfer und Unterstützer. Davon gibt es inzwischen unzählige. Allein in Deutschland rechnen Experten mit mehr als 50.000 Coaches, Trainern, Beratern und anderen Ratgebern, die dich bei Job, Karriere, Persönlichkeitsentwicklung und zahlreichen anderen Themen unterstützen können. Wie da bloß den richtigen finden?

Ich finde – und das sage ich völlig uneigennützig –, es ist überhaupt keine Schande, wenn man sich für einen Jobwechsel oder eine gründliche, berufliche Neuorientierung Unterstützung sucht. Zum Beispiel bei einem Headhunter, einem Newplacement-Berater oder Karrierecoach. Selbst gute Coaches lassen sich hin und wieder coachen, weil sie wissen, dass der unverstellte Blick von außen nützliche Hinweise gibt und oft ganz neue Blickwinkel schafft. Allerdings kann eben nicht jeder alles gleich gut – und je nachdem, in welcher Phase du steckst, brauchst du vielleicht weniger einen Coach als einen Trainer oder Berater und vice versa. Deshalb zeige ich dir in diesem Kapitel, wo und wie du – bei Bedarf – die richtigen Helfer für deine berufliche Entwicklung findest.

Headhunter?

Hinter vielen Jobwechseln, vor allem auf Führungsebene und C-Level, stecken oft Headhunter. Sie sind in erster Linie Dienstleister ihrer Auftraggeber. Das sind aber nicht die Jobwechsler selbst, sondern die Unternehmen, die eine neue Top-Position optimal besetzen wollen. Der Personalvermittler macht sich dann auf die Suche nach qualifizierten Talenten, erfahrenen Fach- und Führungskräften mit dem passenden Profil, um diese Personallücke zu füllen. Headhunter können als Einzelunternehmer selbstständig sein, viele arbeiten aber in großen Agenturen oder Personalberatungen.

Als Experten sind sie meist auf eine bestimmte Branche spezialisiert und bringen Kandidaten mit dem Unternehmen durch gezielte Abwerbung zusammen. Heißt: Im Normalfall nimmt ein Headhunter zu dir den Kontakt auf, nicht umkehrt! Durch gute Leistungen, eine entsprechende Reputation oder starke Online-Sichtbarkeit als Top-Kraft wird der Experte auf dich aufmerksam und bietet dir einen passenden beruflichen Karriereschritt an – jedenfalls die seriösen und guten Headhunter.

Für deine aktive Jobsuche hat dieses Geschäftsmodell jedoch einen Haken: Du kannst dich nicht direkt bei einem Headhunter für einen neuen Job bewerben. Die Experten starten erst ihre Suche, wenn ein Auftraggeber (also ein Unternehmen) eine konkrete Stelle besetzen möchte. Für einen kurzfristigen Jobwechsel ist eine Bewerbung beim Headhunter überhaupt nicht zielführend und wirft im Zweifel sogar ein schlechtes Licht auf dich, weil du ganz offenbar keine Ahnung davon hast, wie ein Headhunter arbeitet.

Trotzdem muss es kein Fehler sein, Kontakte zu Headhuntern zu pflegen. Wie gesagt: nicht, wenn du akut einen neuen Job suchst. Aber im Sinne einer breit gestreuten Netzwerkpflege lohnt sich das durchaus. Du solltest zwar nie erwarten, spontan eine Stelle angeboten zu bekommen. Das wäre ein absoluter Glücksfall, wenn zum gleichen Zeitpunkt ein passender Suchauftrag von einem Arbeitgeber vorliegt, der perfekt zu deinem Profil passt. Headhunter können aber Teil einer langfristigen Karrierestrategie sein. Kurz gesagt: Durch unverbindliches Netzwerken tauchst du auf deren Radar auf, bringst deinen Namen und deine Vita ins Spiel und landest in der Datenbank. Wird dann eine passende Stelle ausgeschrieben, steigt die Chance, dass du in Betracht gezogen wirst.

5 Tipps für den Kontakt zu Headhuntern

Du möchtest bei künftigen Jobwechseln mit einem Headhunter zusammenarbeiten? Dann sind Vorbereitung und die richtige Vorgehensweise entscheidend:

1. Finde den richtigen Headhunter
Schreibe nicht willkürlich jeden Headhunter an. Neun von zehn Personalexperten sind auf eine bestimmte Branche oder Hierarchieebene spezialisiert und vermitteln beispielsweise nur Topmanager (CEO, CFO, COO, ...) in der Pharmabranche. Recherchiere, welcher Headhunter für deinen Bereich zuständig ist, bevor du Kontakt aufnimmst.

2. Kenne deine Kündigungsfrist
Diese Information musst du genau kennen und mitteilen können: Wann kannst du potenziell in einem neuen Job anfangen? Falls ein Suchauftrag vorliegt, müssen Headhunter wissen, ob du die Frist ihres Auftraggebers einhalten kannst. Wenn du darauf nicht sofort eine Antwort hast, wirkt das unvorbereitet und unprofessionell.

3. Zeige ein klares Profil
Um auf Augenhöhe mit einem Headhunter zusammenzuarbeiten, brauchst du ein klares Profil. Was ist deine Expertise? Wofür stehst du? Was unterscheidet dich von anderen? Wohin möchtest du dich entwickeln und was sind deine beruflichen Pläne und Ziele? All diese Fragen solltest du aus dem Stegreif beantworten können, denn mit großer Wahrscheinlichkeit werden sie dir gestellt.

4. Nenne deine angestrebte Position

„Ich möchte meinen Job wechseln …" Auf einen solchen Satz reagieren Headhunter alert. Wer einfach nur einen neuen Job sucht, ist raus. Personalberatungen vermitteln Leistungsträger, Top-Talente und hoch qualifizierte Fachkräfte. Das zeigt sich auch daran, dass du einen genauen beruflichen Plan hast und diesen auch benennen kannst.

5. Reiche deine Unterlagen ein

Ist der Headhunter an dir interessiert, wird er nach deinen Unterlagen fragen. Die müssen dann bereits tipptopp gepflegt, aktuell und vorbereitet sein. Zentrale Punkte sind: Vollständigkeit, Übersichtlichkeit, logische Struktur und Fokus auf die stärksten Argumente. Besonders wichtig ist der Lebenslauf, hinzu kommt meist ein Bewerbungsschreiben.

Outplacement oder Newplacement?

Ähnlich wie Headhunter arbeiten Outplacement-Berater und Newplacement-Berater. Sie werden ebenfalls im Auftrag von Unternehmen aktiv. Der große Unterschied aber ist: Du kannst diese Dienstleister auch selbst beauftragen und für einen Jobwechsel nutzen.

In der Regel werden Outplacement-Berater von einem Arbeitgeber beauftragt, der in großem Stil Personal abbauen und Mitarbeiter entlassen muss – dies aber möglichst sozialverträglich abwickeln will. Also bezahlt er eine Outplacement-Agentur dafür, dass diese für die Ex-Mitarbeiter neue Jobs sucht. Teils ist diese Dienstleistung auf ein paar Monate befristet. Ist der Arbeitgeber großzügig, bezahlt er die Unterstützung auch so lange, bis ein neuer Job gefunden ist. Das ist dann ein bisschen so wie eine private Arbeitsagentur – teilweise inklusive Bewerbungscoaching, Jobsuche und Beratung bei der Berufswahl.

Eine Newplacement-Beratung macht im Prinzip das Gleiche. Nur mit dem Unterschied, dass der Schwerpunkt nicht darauf liegt, Arbeitslose wieder in die Erwerbstätigkeit zu bringen, sondern für sie wirklich eine „neue" Jobperspektive zu eröffnen – deshalb auch „New"placement. Diese Berater sind eher auf Quereinstiege und einen richtigen Jobswitch spezialisiert. Einziger Nachteil: Der Service ist nicht billig. Je nach Berater, Agentur und individuellem Angebot liegen die Kosten schnell bei mehreren Tausend Euro im Monat. Dafür bekommst du aber auch keinen vorgefertigten Weg aufgezeigt, sondern wirst in der gesamten Phase des Jobwechsels von Anfang bis Ende individuell beraten und unterstützt. Dazu kann eine Vielzahl von Leistungen zählen:

- *Begleitung bei Kündigung und Kündigungsgespräch*
- *Beratung bei Abfindung und Aufhebungsvertrag*
- *Unterstützung bei beruflicher Neuorientierung*
- *Professionelle Stärken-Schwächen-Analyse*
- *Professionelle Potenzialanalyse*
- *Hilfe bei Fort- und Weiterbildungen*
- *Erstellung einer guten Bewerbungsstrategie*
- *Suche nach passenden Jobs und Arbeitgebern*
- *Optimierung und Aktualisierung der Bewerbungsunterlagen*
- *Übung und Vorbereitung von Vorstellungsgesprächen*
- *Begleitung im gesamten Bewerbungsprozess bis zum Jobwechsel*

Durch die enge Zusammenarbeit mit einem Newplacement-Experten kannst du auf dem gesamten Weg vom Jobverlust bis zur neuen Anstellung von deren Know-how profitieren. Mit dem passenden Budget im Hintergrund ist ein erfolgreicher Jobwechsel hierbei nahezu garantiert. Das ist das Rundum-Sorglos-Paket.

Bewerbungs- oder Karrierecoach?

Eine ebenfalls beliebte Hilfe beim Jobwechsel ist die Zusammenarbeit mit einem Bewerbungs- beziehungsweise Karrierecoach. Das echte Coaching versteht sich in erster Linie als Hilfe zur Selbsthilfe. Ein Coach berät nicht und trainiert nichts – er stellt vor allem Fragen und gibt dadurch Orientierung. Die Lösung selbst kommt aber immer vom Coachee selbst. Die Berufsbezeichnung „Coach" ist jedoch nicht geschützt: Jeder kann sich so nennen. Entsprechend gehen heute viele Angebote von Coaches darüber hinaus und helfen auch aktiv bei verschiedenen Fragestellungen rund um den Jobwechsel. Das muss für dich kein Nachteil sein: Du kannst so genau das „Coaching" finden, das du gerade benötigst. Durch persönliche Gespräche, systemische Fragen, Anregungen zur Selbstreflexion und Tipps können Coaches dir dabei helfen, eigene Ziele und Wünsche zu erkennen oder Lösungen für Probleme zu erarbeiten. Allerdings gibt es eine Vielzahl von verschiedenen Begriffen und Bezeichnungen, hinter denen sich unterschiedliche Leistungen verbergen. Um den für dich passenden Coach zu finden, hier eine kurze Übersicht:

Bewerbungscoach

Bei ihm liegt der Schwerpunkt auf der Hilfe rund um die Bewerbung. Also beim Verfassen von Anschreiben und Lebenslauf, bei der Zusammenstellung der richtigen Unterlagen, teils auch bei der Jobauswahl und dem späteren Vorstellungsgespräch. Gute Coaches gehen dabei immer auf deine persönlichen Bedürfnisse und individuelle Situation ein. Aber: Sie nehmen dir nicht die Arbeit ab! Das machen eher Ghostwriter und Bewerbungsschreiber.

Karrierecoach

Der Karrierecoach ähnelt dem Bewerbungscoach in vielen Bereichen. Der Fokus dieses Coachings liegt aber weniger auf dem aktuellen Jobwechsel, dafür umso mehr auf deiner Karriereentwicklung. Also wohin du dich in den nächsten fünf bis zehn Jahren entwickeln willst und wie du dorthin kommst. Ein Karrierecoach verfolgt also weniger einen akuten, sondern einen übergeordneten Weg.

Bewerbungsberater

Der Bewerbungsberater bringt sich aktiv mit seinem Berufs- oder Branchen-Know-how ein. Er macht auch mal klare Ansagen, was richtig und falsch ist. Du erhältst von ihm eindeutige Verbesserungsvorschläge und kannst direkt von seinen Kontakten und seiner Expertise profitieren. Umso wichtiger ist, dass der Bewerbungsberater diese Kompetenzen wirklich mitbringt. Im besten Fall kann er dir seine Spezialisierung nachweisen.

Bewerbungstrainer

Beim Training geht es darum, ganz konkrete Fertigkeiten (Skills) zu erlernen. Also zum Beispiel das souveräne Präsentieren und freie Sprechen vor einer Gruppe. Bewerbungstrainer kommen vor allem bei der gezielten Vorbereitung auf ein Vorstellungsgespräch oder Assessment-Center zum Einsatz. Durch verschiedene Übungen und gespielte Abläufe schulen sie die notwendigen Fähigkeiten wie selbstbewusstes Auftreten, eine gelungene Selbstpräsentation oder rhetorische Konter auf Stressfragen.

Bewerbungsschreiber
Bei diesem Angebot geht es nicht um Coaching, Beratung oder Training, sondern ganz simpel um das Vorschreiben deiner Unterlagen. Das soll dir einfach nur Arbeit abnehmen, bringt dich aber nicht weiter, wenn du mehr Unterstützung bei der beruflichen Neuorientierung brauchst.

Vor einem professionellen Coaching steht fast immer ein Vorgespräch. Dieses sollte kostenlos angeboten werden und bietet beiden die Chance, sich kennenzulernen und herauszufinden, ob die Dienstleistung zu den Erwartungen passt. Es geht bei diesem Erstgespräch nicht darum, den Start des Coachings festzulegen oder schon eine Vereinbarung zu unterschreiben. Viel wichtiger ist, dass du zentrale Fragen klärst. Dazu zählen:

- *Passt die Chemie zwischen dir und dem Coach?*
- *Welche Hilfe und Leistungen erwartest du von dem Experten?*
- *Welche Qualifikationen und Erfahrungen bringt der Coach mit?*
- *Kann er oder sie leisten, was du brauchst und suchst?*

Weil die Zusammenarbeit mit einem persönlichen Coach immer sehr eng ist und ans Eingemachte gehen kann, ist eine gute Atmosphäre und tiefes Vertrauen zwischen dir und dem Coach zwingend erforderlich. Nur unter dieser Voraussetzung könnt ihr offen und ehrlich über Ängste, Schwächen und Schwierigkeiten sprechen.

Wenn du mehr über Coachings im Allgemeinen und den typischen Ablauf im Besonderen erfahren möchtest, empfehle ich dir unser ausführliches Dossier dazu. Darin findest du zusätzlich einen Test, ob du bereit für ein Coaching bist, sowie eine Checkliste für die Auswahl des richtigen Coaches:
https://karrierebibel.de/coaching/

Es ist schwer zu sagen, wie teuer ein Bewerbungscoaching für einen Jobwechsel ist. Das hängt immer von der Ausgangsposition und vom Umfang des Coachings ab. Je nach Angebot variieren die Stundensätze von Einstiegspreisen um die 100 Euro pro Stunde bis zu einem Stundensatz von bis zu 500 Euro. Da voraussichtlich mindestens fünf Stunden nötig sind, solltest du mit Kosten zwischen 500 und 1.500 Euro rechnen. Ein solches Coaching kann nicht nur deine Chancen auf einen schnellen und erfolgreichen Jobwechsel steigern. Oft gewinnst du dabei insgesamt mehr Selbstvertrauen und eine bessere Orientierung für deinen weiteren Lebensweg. Eine Erfolgsgarantie gibt es aber auch hierbei nie.

Das Wichtigste in Kürze

- Es ist kein Nachteil, sich für einen Jobwechsel zusätzliche Hilfe und professionelle Unterstützer zu suchen. Auf dem Markt gibt es inzwischen verschiedene Experten, die sich darauf spezialisiert haben, dir bei der Bewerbung, Karriere oder kompletten Neuorientierung mit konkreten Hilfestellungen zur Seite zu stehen.

- Headhunter agieren vor allem im Auftrag von Unternehmen und helfen bei der Besetzung freier Stellen. Typischerweise kommen Headhunter auf Mitarbeiter zu, du kannst zu ihnen aber auch Kontakt aufnehmen, um langfristig auf ihrem Radar aufzutauchen.
- Newplacement-Berater sind eine Art private Arbeitsagentur und sind in der Regel auf einen kompletten Neustart und Quereinstieg spezialisiert. Sie begleiten dich über den gesamten Wechselprozess hinweg, haben aber auch ihren Preis.
- Verschiedene Arten von Coaches bieten ihre Dienstleistung zum Jobwechsel an. Dabei ist es wichtig, zwischen Coaching, Training und Beratung oder Bewerbungshilfe zu unterscheiden. Noch wichtiger: Achte bei der Auswahl darauf, dass das Angebot zu deinen Erwartungen passt und du unbedingtes Vertrauen zum Coach hast. Nur so könnt ihr wirklich tiefgehend und erfolgreich zusammenarbeiten.
- Um sich „Coach" zu nennen, bedarf es keiner fundierten Qualifikation oder Ausbildung. Umso wichtiger ist, dass du den Anbieter mit Bedacht auswählst, auf seine Arbeitsweise achtest und dich nach Referenzen erkundigst. Die Branche kennt leider auch viele Quacksalber und schwarze Schafe.

Kapitel 8

NEUSTART!

Wir sind fast am Ziel – auch mit diesem Buch. Dem Jobwechsel steht kaum noch etwas im Weg. Die Jobsuche war erfolgreich, die Bewerbung ebenfalls. Du stehst endlich vor dem ersehnten Neustart und damit vor einer größeren Veränderung. Das gibt dir die Chance, von Anfang an alles richtig und besser zu machen als bisher. Der Neustart kann deinem beruflichen Werdegang ganz neuen Schwung verleihen und dich zu größeren Zielen beflügeln oder einfach nur helfen, dich noch mehr zu entfalten und deine Potenziale auszuschöpfen.

Wahrscheinlich hast du trotzdem noch ein bisschen Angst vor dem endgültigen Schritt und bist unsicher, ob die Neuerungen wirklich das bringen, was du dir davon erhoffst. Solche Zweifel sind anfangs normal und lassen sich am besten überwinden, indem du den vollen Fokus auf die Planung und Gestaltung deiner neuen Aufgabe legst. Ein Neustart ist nichts, was du einfach passiv über dich ergehen lassen solltest, um zu schauen, wo du am Ende landest. Nimm es selbst in die Hand und werde wieder aktiv. Was du dazu tun kannst und worauf es zu achten gilt, zeigt dir das letzte Kapitel zum Jobwechsel – jetzt …

Beruflich durchstarten

Ein Jobwechsel ist der perfekte Zeitpunkt, um beruflich noch mal so richtig durchzustarten. Du beginnst ein neues Kapitel und hast selbst maximalen Einfluss darauf, wie dieses Kapitel in deinem Leben verläuft. Das heißt vor allem: Konzentriere dich auf den Erfolg! An der neuen Wirkungsstätte kannst du all das anders machen, was du dir im alten Job gewünscht hättest: ein guter Einstieg mit den Kollegen, ein vertrauens- und respektvolles Verhältnis zum Chef, eine etablierte Rolle im Team, klare Verantwortlichkeiten und oder ein eindeutiges berufliches Ziel. Von allein wird sich das in den meisten Fällen nicht einstellen. Wenn du wirklich durchstarten willst, musst du dir das nicht nur vornehmen, sondern wirklich daran arbeiten.

Deshalb findest du im Folgenden eine letzte große Liste mit konkreten Tipps und Freifeldern für deine Notizen dazu. Sie helfen dir, für die ersten Wochen und Monate einen festen Plan zu formulieren. Denn in dieser ersten Phase stellst du die entscheidenden Weichen für den weiteren Erfolg im neuen Job.

Lege deine Ziele fest

Die erste und wichtigste Frage zum Durchstarten lautet: Was willst du im neuen Job erreichen oder anders machen als zuvor? Hier kannst du für dich persönlich definieren, was den Erfolg in den ersten Wochen ausmacht und wo deine Prioritäten liegen. Das muss nicht mit einem raketenhaften Aufstieg verbunden sein, Ziele können auch in anderen Bereichen liegen. Entscheidend ist, was dir wichtig ist:

____

____

____

Definiere die notwendigen Schritte

Nachdem du die Ziele kennst, lautet die nächste Frage: Was musst du tun, um diese zu erreichen? Überlege dir, was notwendig ist, um den Zielen näherzukommen. Vielleicht musst du mit guten Leistungen punkten, besseres Selbstmarketing betreiben, die richtigen Kontakte knüpfen, deinen Austausch mit Kollegen verbessern oder für deine Belange einstehen. In jedem Fall solltest du ein paar konkrete Schritte benennen können, was zu tun ist:

____

____

____

Identifiziere Defizite

Wir gehen mal davon aus, dass du dich beim Vorstellungsgespräch nicht überverkauft hast. Trotzdem kann es sein, dass es bei dem einen oder anderen Skill noch Nachholbedarf gibt. Welche Informationen könntest du noch recherchieren, welche Fähigkeiten noch mal auffrischen oder nachträglich lernen? Verschaffe dir ein Bild davon, wie du die Zwischenzeit und Energie optimal investieren kannst.

____

____

____

Kontrolliere deinen Erfolg

Fortschritte sollten regelmäßig kontrolliert werden. Nur so weißt du, ob du deinen Zielen wirklich näherkommst oder ob sich die Dinge vielleicht in eine falsche Richtung entwickeln.

Dank der Kontrolle kannst du notwendige Anpassungen vornehmen oder erkennen, wenn der anfängliche Plan nicht funktioniert. Daher: Was hast du in der Zwischenzeit schon umgesetzt und erreicht?

____

____

____

Den alten Job kündigen – aber richtig

Falls du es bisher noch nicht getan hast: Spätestens jetzt ist es so weit. Der Zeitpunkt ist gekommen, deinen bisherigen Job zu kündigen. Jetzt heißt es, sich endgültig und offiziell von dem aktuellen Arbeitgeber, dem Chef und den Kollegen verabschieden. In der Berufswelt ist das eine Lappalie, ein üblicher Schritt, für viele Arbeitnehmer aber ein großer persönlicher Sprung – verbunden mit einem Seufzen und einer Portion Restunsicherheit.

Keine Sorge: Einen Job zu kündigen ist kein Hexenwerk. Die Kündigungsfrist kennst du ja schon aus der Vorbereitungsphase. Nun musst du nur noch offiziell und juristisch wasserdicht dein Arbeitsverhältnis beenden. Dafür sind drei Voraussetzungen unbedingt zu erfüllen, da die Kündigung sonst unwirksam sein kann:

Schriftlichkeit

Eine Kündigung ist nur rechtsgültig und formal korrekt, wenn sie in der Schriftform eingereicht wird. Dies ist in § 623 des

Bürgerlichen Gesetzbuches (BGB) vorgeschrieben. Dort heißt es: *„Die Beendigung von Arbeitsverhältnissen durch Kündigung oder Auflösungsvertrag bedürfen zu ihrer Wirksamkeit der Schriftform; die elektronische Form ist ausgeschlossen.“* Bedeutet: Kündigen kannst du nur auf Papier, eine Kündigung per E-Mail, SMS oder WhatsApp ist unwirksam. Gleiches gilt für eine mündliche Kündigung. Egal wie oft und wie eindeutig du deinem Chef sagst, dass du kündigen willst – nur mit einem schriftlichen Dokument endet die Zusammenarbeit tatsächlich.

Unterschrift

Erst mit einer handschriftlichen Unterschrift wird das Kündigungsschreiben rechtswirksam. Eine digitale, eingescannte Unterschrift reicht nicht! Du musst deine Kündigung also nach dem Ausdrucken noch mal eigenhändig mit einem Kugelschreiber oder Füller unterzeichnen. Damit beweist du, dass die Kündigung wirklich von dir stammt und deinem Willen entspricht. Überprüfe außerdem das genaue Datum, zu dem du kündigen willst.

Bestätigung

Damit die Kündigung rechtzeitig wirksam werden kann, muss sie „empfangen“ werden. Bedeutet: Entweder überreichst du das Kündigungsschreiben persönlich und lässt dir den Empfang – ebenfalls schriftlich oder vor Zeugen – bestätigen. Oder du verschickst sie als Einschreiben mit Rückschein. Empfänger ist entweder der direkte Vorgesetzte oder die zuständigen Mitarbeiter in der Personalabteilung. Die Bestätigung kann wichtig sein, wenn es später Streit über die Kündigungsfrist gibt. Letztlich entscheidet der Eingang, ab wann das Arbeitsverhältnis tatsächlich endet.

Wie kann ich meinen Job schriftlich kündigen?

Für die Formulierung eines Kündigungsschreibens ist Eindeutigkeit das wichtigste Gebot. Es darf keinerlei Zweifel an der Kündigungsabsicht entstehen und auch kein Spielraum beim Zeitpunkt gelassen werden. Nach der Lektüre muss dem Empfänger klar sein, dass du kündigst und wann genau das Arbeitsverhältnis enden soll. Beim Erstellen kannst du dich an folgendem Muster orientieren:

Kündigungsschreiben Muster: 8 wichtige Elemente

Zur Kündigung selbst braucht es nicht viele Worte. Wer es knapp halten will, dem reicht schon der erste Absatz im folgenden Musterschreiben. Ansonsten empfehle ich, stets ein paar Zeilen mehr zu formulieren. Du willst schließlich als Profi in Erinnerung bleiben und mit einem souveränen Abgang deine Würde bewahren. Ich sage immer: Nach der Kündigung arbeitest du nicht mehr für deinen Chef, sondern für deinen Ruf!

Kündigungsschreiben Musterbrief

Susanne Mustermann
Beispielstraße 1
12345 Neustadt

Arbeitgeber GmbH
Personalabteilung z. H. Herr Beispiel
Jobstraße 5
45678 Hauptstadt
TT.MM.JJJJ

Kündigung meines Arbeitsvertrages, Personalnr: 0815-XYZ

Sehr geehrter Herr Beispiel,

hiermit kündige ich ordentlich und fristgerecht meinen Arbeitsvertrag zum nächstmöglichen Zeitpunkt. Dies ist nach meiner Berechnung und unter Einhaltung der Kündigungsfrist der TT.MM.JJJJ.

Ich bedanke mich für die bisher gute und kollegiale Zusammenarbeit. In den letzten fünf Jahren konnte ich viel lernen, mich beruflich sowie persönlich weiterentwickeln und habe mich im Team sowie im gesamten Unternehmen sehr wohl gefühlt. Für die Unterstützung, die Sie mir entgegengebracht haben, möchte ich mich herzlich bedanken.

Bitte bestätigen Sie mir den Erhalt dieses Kündigungsschreibens und das oben genannte Datum, an dem das Arbeitsverhältnis endet.

Zusätzlich bitte ich darum, mir ein qualifiziertes Arbeitszeugnis auszustellen und mir dieses zusammen mit meinen Arbeitspapieren an die obige Adresse zu schicken.

Mit freundlichen Grüßen

Susanne Mustermann

Kündigungsgrund nennen: Ja oder Nein?

Als Arbeitnehmer musst du bei einem Jobwechsel grundsätzlich keinen Grund für die ordentliche Kündigung angeben. Natürlich solltest du gute Gründe für die Entscheidung haben, diese musst du dem Unternehmen aber nicht mitteilen. Ob es an der Atmosphäre, dem Gehalt, den Aufgaben, den Aufstiegschancen oder an etwas völlig anderem gelegen hat, geht den Chef nichts an. In den meisten Fällen empfiehlt es sich sogar, auf die Nennung eines Kündigungsgrundes im Schreiben zu verzichten. Du kannst damit nichts gewinnen, sondern bei falschen Formulierungen höchstens Rechtfertigungsdruck erzeugen und einen schlechten Eindruck hinterlassen.

Ich finde: Jede Form der Abrechnung oder verbales Nachtreten gegen den ehemaligen Arbeitgeber dokumentiert nur emotionale Unreife und macht dich klein. Möchtest du unbedingt eine Begründung angeben, kannst du von „beruflichen Gründen", „professionellen Gründen" oder auch von „gesundheitlichen Gründen" sprechen. Bei einem insgesamt positiven Verhältnis zu deinem Chef kann es sinnvoller sein, diese Dinge in einem persönlichen Gespräch zu thematisieren, bevor du den Job kündigst. Der Rest ist Schweigen.

Jobwechsel-Fallen

Bei jedem Arbeitgeberwechsel lauern logischerweise auch ein paar Fallstricke und böse Fehler, die dir unterlaufen können und die dich womöglich Zeit, Geld oder deine Reputation kosten können. Dieses Buch wäre nicht vollständig, wenn wir nicht auch ein paar Takte darüber sprechen würden.

Das soll jetzt keine Panik machen. Die meisten Fehler beim Jobwechsel lassen sich locker umgehen, wenn du weißt, worauf du achten musst. Außerdem hast du inzwischen einen wichtigen Schritt zur Fehlervermeidung gemacht: Durch dieses Buch bist du optimal vorbereitet und hast dich gründlich für diesen Schritt präpariert. Deshalb dient die folgende Liste nur zur Auffrischung und zur Sensibilisierung, um diese Punkte im Hinterkopf zu behalten:

- **Schnelle Jobwechsel**
  Nicht jede miese Arbeitswoche rechtfertigt einen sofortigen Ausstieg. Die Schelte vom Chef und Scham über ein echtes Malheur sollten dich nicht gleich auf Jobsuche schicken. Eine Portion Durchhaltevermögen gehört zu jeder erfolgreichen Karriere. Wirf nicht gleich das Handtuch, wenn es schwierig wird. Versuche immer zuerst, das Problem zu lösen.

- **Späte Jobwechsel**
  Das Gegenteil wäre genauso ein Fehler: Wer zu spät wechselt, obwohl schon lange klar ist, dass der Job nicht passt, verschwendet Zeit, setzt seine Gesundheit aufs Spiel und wird bitter. Zudem verpasst du wertvolle Aufstiegschancen, die bei anderen Unternehmen auf dich warten können. Finde also den gesunden Mittelweg zwischen voreilig und verspätet: rechtzeitig!

- **Häufige Jobwechsel**
  Berufliche Wechsel als Karriereschritte sind in Ordnung, solange die Frequenz im Rahmen bleibt. Über einen langen Zeitraum jedes Jahr den Arbeitgeber zu wechseln, ist definitiv zu viel. Jobhopping wird als Zeichen der Illoyalität ausgelegt und schreckt künftige Arbeitgeber ab.

- **Finanzielle Gründe**
  Jeder möchte mehr Geld verdienen, klar. Bei einem professionellen Jobwechsel wäre es aber ein Fehler, nur auf das Gehalt zu schauen. Wenn du Jobs nur nach finanziellen Gesichtspunkten auswählst, wirst du weder glücklicher, noch macht es sich langfristig bezahlt. In der Rückschau zählt Entwicklung mehr als Einkommen.

- **Ruinierte Kontakte**
  Leider einer der häufigsten Fehler: Du brichst beim Abschied Brücken hinter dir ab, über die du vielleicht noch einmal gehen willst oder musst. Du kennst ja bereits das Sprichwort: „Man sieht sich immer zweimal im Leben." Manchmal sogar öfter. Auch Ex-Chefs, Ex-Kollegen oder Personaler wechseln ihre Jobs. Blöd, wenn man sich dann erneut begegnet und sich nicht mehr ins Gesicht sehen kann. Davon abgesehen zahlt sich ein gutes Netzwerk ein Leben lang aus. Wer beim Tschüss Profi bleibt, profitiert später von manch wohlwollendem Hallo.

Was, wenn der Jobwechsel ein Fehler war?

Es könnte alles perfekt sein: neuer Job, große Motivation, Zufriedenheit mit den Aufgaben und den Kollegen … Aber was, wenn nicht? Was, wenn du bereits in der Probezeit feststellst: Kapitalfehler!? Eine harte Landung auf dem Boden der Realität.

Glücklicherweise ist das die absolute Ausnahme. Aber es kommt vor, dass Menschen trotz bester Vorbereitung eine falsche Wahl treffen. Vielleicht hattest du falsche Erwartungen oder der Arbeitsplatz hält nicht, was zu Beginn versprochen wurde. Es ist müßig, alle potenziellen Gründe aufzulisten. Sie ändern ja auch nichts: Das Kind ist in den Brunnen gefallen – was jetzt?

In dieser Situation bleiben dir zwei Optionen. Option 1: Du beginnst den ganzen Prozess von vorn. Also Buch neu aufschlagen und von vorn anfangen. Dumm gelaufen, aber man kann aus allem das Beste machen. Option 2: Du kehrst zum alten Arbeitgeber zurück. Natürlich lässt sich die vorangegangene Kündigung nicht einfach rückgängig machen. Mit großer Wahrscheinlichkeit ist die alte Stelle auch schon neu besetzt oder wurde aus Kostengründen gestrichen. Der direkte Weg zurück ist in den meisten Fällen also kompliziert oder versperrt.

Sollte die Position dennoch frei sein, kannst du es mit einer erneuten Bewerbung oder deinen alten Kontakten versuchen. Und jetzt zahlt es sich auch aus, keine Brücken abgebrochen zu haben! Sprich den ehemaligen Vorgesetzten am besten persönlich (per Telefon) an, bedauere deinen Fehler und bitte offen um eine zweite Chance. Das ist zwar keinerlei Garantie für einen Erfolg. Auch der Chef wird sich genau überlegen, ob dies aus Unternehmenssicht eine gute Idee ist. Immerhin: Es kann die alte Tür ein kleines Stück öffnen.

Bedenke aber: Ist die Rückkehr zum Ex auch eine gute Idee? Wieder ein klares „Jein“ von mir. Zunächst einmal weißt du, was dich erwartet. Das ist gut. Du erlebst keine neuen Überraschungen mehr. Aber – und das ist ein großes ABER: Es gab ja auch eine gründliche Analyse, deren Ergebnis es war, dass der Jobwechsel unumgänglich und die einzig sinnvolle Alternative ist. Wie lange wird es also dauern, bis du wieder genauso frustriert dahockst, in deinen Bildschirm sinnierst und das Wochenende herbeisehnst? Der Arbeitgeber hat sich wohl kaum großartig verändert und die Probleme dort haben sich auch nicht in Luft aufgelöst.

Ich empfehle daher, lieber dem neuen Arbeitsplatz eine zweite Chance zu geben. Vielleicht lassen sich anfängliche Schwierigkeiten und Probleme doch noch lösen. Du erinnerst dich: Love it, change it or ... genau: Die letzte Option – leave it – bleibt dir immer. Du stellst alles auf Anfang, hakst das Kapitel als Fehler ab und gehst erneut auf Jobsuche. Auch kein Beinbruch. Du bist nicht so weit gekommen, um nur so weit zu kommen! Da geht noch immer was ...

Jobwechsel-Checkliste

Zielgerade. Schwirrt dir der Kopf, weil es beim Jobwechsel so viel zu bedenken und zu beachten gibt? Okay, auf den ersten Blick sind das viele Überlegungen, Gedanken, Aufgaben und Herausforderungen. Aber eine richtige Raketenwissenschaft ist das auch nicht. Du kannst alles jederzeit und in jeder Phase nachlesen und vertiefen. So arbeitest du dich Stück für Stück voran. Und damit du dabei garantiert nichts vergisst, findest du zum Schluss dieses Kapitels statt einer Zusammenfassung eine ebenso übersichtliche wie kompakte Checkliste für deinen nächsten Jobwechsel.

Die insgesamt zehn Schritte kannst du zum Beispiel der Reihe nach abhaken, wenn der Wechsel nach Plan verläuft. Eine Anmerkung dazu aber noch: Je nach Situation können einzelne Punkte auf der Checkliste in einer anderen Reihenfolge ablaufen. Das ist nicht weiter schlimm, solange du am Ende keinen Punkt auf der Checkliste komplett ausgelassen hast. Viel Spaß beim Loslegen und Abhaken!

- [ ] **Entscheidung fällen**

Alles beginnt mit deiner persönlichen Entscheidung zum Jobwechsel. Du hast die Situation analysiert, hast gute Gründe für eine berufliche Veränderung und bist dir sicher: „Ja, das ist für mich der richtige Schritt!" Dazu gehört, dass du die Konsequenzen kennst, wenn du dich neu orientierst. Erst mit der eindeutigen und klaren Entscheidung kannst du mit der Umsetzung beginnen.

- [ ] **Vorbereitungen treffen**

Die erste Vorbereitung liegt in der Frage: Was will ich ändern und wohin will ich? Du benötigst ein berufliches Ziel, das du mit dem Wechsel erreichen möchtest. Davon hängt ab, welche weiteren Vorbereitungen notwendig sind. Das kann auch eine Fortbildung oder Umschulung sein. Kläre überdies, wie viel Zeit und Geld für den Karriereschritt zur Verfügung stehen.

- [ ] **Stellen recherchieren**

Es folgt die Sichtung des gesamten Arbeitsmarktes nach passenden Stellen und Arbeitgebern. Nutze verschiedene Jobbörsen, aktiviere Kontakte und vergiss nicht den verdeckten Stellenmarkt! Neben der reinen Suche solltest du darauf achten, die Positionen zu bewerten und dir ein Bild von potenziellen Arbeitgebern zu machen.

- [ ] **Bewerbungen schreiben**

Interessante Ausschreibungen sind gefunden, nun geht es an die Bewerbung. Aktualisiere deine Unterlagen, erstelle diese in einem einheitlichen Design und formuliere ein aussagekräftiges, individuelles

Anschreiben für jede ausgeschriebene Stelle. Läuft es gut, kannst du anschließend im persönlichen Vorstellungsgespräch überzeugen.

☐ **Arbeitsvertrag unterschreiben**
Ein Meilenstein bei jedem Jobwechsel: Du bekommst die Zusage und erhältst einen schriftlichen Arbeitsvertrag. Prüfe vor der Unterschrift noch einmal genau, ob die Rahmenbedingungen den mündlichen Vereinbarungen entsprechen. Erst wenn beide Seiten unterschrieben haben, hast du die Bestätigung für den neuen Job in der Tasche.

☐ **Job kündigen**
Mit der Gewissheit über den nächsten beruflichen Schritt kannst du jetzt kündigen. So gehst du keinerlei Risiko ein und selbst eine kurze Übergangsphase ohne Job macht dir keine Sorgen. Je nach Situation kann eine Kündigung aber auch ohne vorherige Jobzusage sinnvoll sein. Die Kündigung des Arbeitsvertrages muss unbedingt schriftlich erfolgen und sollte vom Arbeitgeber bestätigt werden.

☐ **Zeugnis verlangen**
Im Kündigungsschreiben solltest du ein qualifiziertes Arbeitszeugnis verlangen. Darauf hast du einen gesetzlichen Anspruch, der Chef muss deiner Bitte also nachkommen. Schau dir das Zeugnis genau an und überprüfe, ob die Aussagen wirklich positiv sind – oder ob sich darin versteckte Kritik oder eine schlechte Bewertung versteckt.

☐ **Kollegen informieren**

Der Jobwechsel ist besiegelt und alles Wichtige geklärt. Ganz fertig bist du trotzdem noch nicht. Informiere deine engsten Kollegen über den Schritt, gerade wenn du gut mit anderen Mitarbeitern klarkommst. Ein persönliches Gespräch ist viel besser, als wenn alle es nur vom Chef erfahren. Warte mit dieser Information nicht bis kurz vor deinem letzten Tag. Sobald alles in trockenen Tüchern ist und der Wechsel feststeht, kannst du die Kollegen ins Bild setzen.

☐ **Nachfolger einarbeiten**

Die Lücke, die du hinterlässt, muss gefüllt werden. Gibt es bereits einen Nachfolger, bevor dein letzter Arbeitstag ansteht, solltest du die Einarbeitung übernehmen. Das gehört zu einer professionellen Übergabe und einem seriösen Abgang dazu. Erkläre alles, was der oder die Neue wissen muss, schildere den aktuellen Stand von Aufgaben oder Projekten und übergib alle Zugänge und Logins, die benötigt werden.

☐ **Abschied nehmen**

Kurz vor dem offiziellen Ende der Zusammenarbeit ist es Zeit für den Abschied. Bei einem guten Verhältnis im Team gehört ein kleiner Ausstand dazu, entweder im Büro oder auf ein Getränk nach Feierabend. Auch vom Chef solltest du dich persönlich verabschieden, um deine Wertschätzung und Dankbarkeit auszudrücken. Versuche in jedem Fall, dich im Guten zu trennen und den bestmöglichen letzten Eindruck zu hinterlassen.

Herzlichen Glückwunsch zum Jobwechsel!

Du konntest alle Punkte der Checkliste abhaken? Herzlichen Glückwunsch! Dein Jobwechsel war erfolgreich, der Prozess ist abgeschlossen und dein erster Arbeitstag beim neuen Arbeitgeber steht an oder du hast diesen vielleicht sogar schon hinter dir. Nun kannst du dich vollends auf den nächsten Abschnitt deiner Karriere konzentrieren und an den beruflichen Zielen arbeiten, die du dir für die neue Position gesetzt hast.

Du willst von Anfang an alles richtig machen, weil du deinen Traumjob endlich gefunden hast? Dann hol dir noch dieses praxisnahe E-Book für die ersten 100 Tage im neuen Job. Auf 60 Seiten lernst du, wie du in deinem neuen Job brillierst und deinen Chef und die Kollegen professionell überzeugst:
https://akademie.karrierebibel.de/ebook-100-tage/

Schlussworte

Ich bin stolz auf dich! Das meine ich ehrlich. Angesichts der zahlreichen Menschen, die in ihren Jobs unglücklich sind, darunter leiden, aber nichts dagegen unternehmen, bist du die seltene und rühmliche Ausnahme: Du packst es an, wirst initiativ und suchst aktiv nach einem Ausweg und einer konstruktiven Lösung. Mehr noch: Du gehst zielgerichtet und strategisch vor, überlässt deinen Traumjob nicht einem Zufall, sondern gestaltest deine berufliche Zukunft bewusst nach deinen Vorstellungen. Daraus kann etwas Großes werden – und ich meine wirklich etwas GROSSES. Jetzt und in Zukunft.

Das Buch zu lesen war vielleicht erst der Anfang. Okay. Du hast ein bisschen reingeschnuppert, wolltest wissen, was man dabei so alles beachten, an was man denken muss und wie Profis so einen Jobwechsel organisieren, vorbereiten, realisieren. Das ist legitim. Und ich wünsche dir von Herzen, dass du mit diesem Projekt weitermachst und daran wächst. Jobwechsel werden dich ein Berufsleben lang begleiten. Immer wieder wirst du vor der Entscheidung stehen: gehen oder bleiben? Dann wirst du dir überlegen müssen, wie es für dich weitergehen soll. Ich sage bewusst „soll", nicht „kann". Denn genau das ist der Unterschied. Du überlässt dein Glück nicht der Zukunft, du gestaltest sie selbst, weil du weißt: Unternehmen entwickeln sich weiter, Berufsbilder entwickeln sich weiter – DU selbst entwickelst dich weiter. Gelegentliche Anpassungen sind daher unvermeidlich. Aber vor Veränderungen Angst haben? Du nicht mehr! Du kennst die Psychologie der Veränderung – und du kennst dein Ziel.

Ich sage am Schluss noch mal: Stell deinen künftigen Traumjob nicht auf einen allzu hohen Sockel. Dann wird er unerreichbar und du wirst nur unglücklich. Lass dich bei deiner Wahl ebenso wenig von anderen treiben oder beirren. Die müssen später nicht in diesem Beruf arbeiten, sondern DU! Deswegen zählt auch nur, warum du ihn ausgewählt hast. In diesem Buch findest du alles Wissen und das komplette Handwerkszeug, um deinen wahren Traumjob zu finden, deinen Jobwechsel vorzubereiten und voreilige Schritte oder Fehler zu vermeiden. Überdies kannst du – nicht nur über die Links oder QR-Codes – auf das gesamte Portfolio der Karrierebibel zurückgreifen. Das sind mehr als 4.000 umfassende Artikel und Dossiers, die dich ein Berufsleben lang begleiten können. Und wenn du zusätzliche Unterstützung brauchst, findest du in der Karrierebibel-Akademie viele weitere Kurse, E-Books und Online-Coachings, die dich auf dem Weg zu deinem persönlichen Erfolg begleiten. Ich freue mich, wenn wir uns dort wiedersehen. Viel Erfolg!

Dein Jochen

Literaturverzeichnis

Barden, Julia: Finde deine berufliche Passion: berufliche Veränderung und Neuorientierung – in fünf Schritten zum Traumjob (Eigenverlag)

Glaubitz, Uta: Der Job, der zu mir passt: Das eigene Berufsziel entdecken und erreichen (Campus)

Gulder, Angelika: Finde den Job, der dich glücklich macht: Von der Berufung zum Beruf (Campus)

Haag, Barbara: Authentische Karriereplanung: Mit der Motivanalyse auf Erfolgskurs (Springer)

Hildebrandt-Woeckel, Sabine: Der erfolgreiche Jobwechsel: Wie Sie die Weichen richtig stellen (Gabler)

Mai, Jochen: Ich verdiene mehr! (Books4Success)

Mai, Jochen: Die perfekte Bewerbung (Books4Success)

Mai, Jochen: Fit fürs Vorstellungsgespräch (Books4Success)

Mai, Jochen: Du bist dein Erfolg! (Books4Success)

Mai, Jochen: Die Karrierebibel. Definitiv alles, was Sie für Ihren beruflichen Erfolg wissen müssen (dtv)

Ong, Tim: Ein Hoch auf den Montag: Glück im Beruf für Fach- und Führungskräfte, ohne den Job zu wechseln (Eigenverlag)

Mehr Tipps von Karrierebibel im Internet

Sie wollen noch mehr Ratgeber, Impulse und Inspirationen? Dann folgen Sie unseren Profilen im Internet und in den Social Media. Scannen Sie dazu einfach die QR-Codes mit der Kamera Ihres Smartphones ein.

Website
https://karrierebibel.de/

Instagram
https://www.instagram.com/karrierebibel/

Facebook
https://www.facebook.com/karrierebibel

Youtube
https://www.youtube.com/user/Karrierebibel/

LinkedIn
https://www.linkedin.com/in/jochenmai/